AF451588

ENSEIGNEMENT DE LA PISCICULTURE

CONFÉRENCES PISCICOLES

ET

INSTRUCTIONS PRATIQUES

PAR

M. CHABOT-KARLEN

Ex-régisseur de la pisciculture d'Huningue
Membre de la Société nationale d'agriculture de France
Chargé d'une mission spéciale par M. le Ministre de l'agriculture

> La pisciculture sera, de tout ce qui touche à l'agriculture,
> ce qui donnera avec le moins de travail la plus grande
> somme de produits.
>
> A^te TOUSSENEL.

SE VEND : 1 FRANC 50

FONTENAY-LE-COMTE

IMPRIMERIE A. BAUD, GRANDE-RUE, 25-27

1883

CONFÉRENCES PISCICOLES

ET

INSTRUCTIONS PRATIQUES

PAR

M. CHABOT-KARLEN

Ex-régisseur de la pisciculture d'Huningue
Membre de la Société nationale d'agriculture de France
Chargé d'une mission spéciale par M. le Ministre de l'agriculture

> La pisciculture sera, de tout ce qui touche à l'agriculture,
> ce qui donnera avec le moins de travail la plus grande
> somme de produits.
>
> A^{se} TOUSSENEL.

SE VEND : 1 FRANC 50

FONTENAY-LE-COMTE

IMPRIMERIE A. BAUD, GRANDE-RUE, 25-27

1883

QUATRE CONFÉRENCES

DE PISCICULTURE

EN EAUX DOUCES

AVANT-PROPOS

C'est à M. le baron de Rivière que revient l'honneur d'avoir, en 1840, à la Société nationale d'Agriculture de France (alors Centrale), prononcé le premier le mot de pisciculture, terme adopté depuis pour désigner l'art de faire naître le poisson, de l'élever et de l'engraisser, en un mot, l'art d'exploiter l'eau comme nous exploitons la terre.

M. le baron de Rivière se servit de ce mot de pisciculture à propos d'un travail sur l'anguille et l'utilisation des eaux du Midi, travail sur lequel nous aurons à revenir dans la suite de ces conférences.

La pisciculture est un art si nouveau pour la plupart de ceux appelés, par la loi du 25 juillet 1875, à l'enseigner, que nous allons essayer de leur venir en aide, par ce que, nous croyons être le complément de nos publications précédentes et surtout de notre Calendrier du pisciculteur que l'administration de l'agriculture nous avait permis de faire à leur intention.

Le temps est enfin venu où l'eau comme la terre doit concourir au bien être de tous. Jusqu'ici plutôt affaire de sport, de curiosité ou malheureusement de personnalités, la pisciculture doit enfin entrer, par l'école, dans le domaine des choses utiles et sérieuses ; or, quand nous disons l'école, loin de nous la pensée d'un enseignement de laboratoire ou de science pure, tout cela est aujourd'hui fait, et quant à ce qui reste à faire, l'organisation de nos laboratoires marins ne sera-t-elle pas là pour y pourvoir ?

Le temps de la pisciculture de salon est passé ; laissons-là ce sport d'un nouveau genre : c'est au ruisseau à nous donner la réalisation et l'application de faits prouvés par la science et que la pratique a confirmés.

Protéger le poisson en apprenant à le connaître, faire cesser ces ravages sans nom qui, d'un bout de la France à l'autre, sont à la veille de faire disparaître des espèces entières, ce qui, comme pour les oiseaux, n'est pas seulement une barbarie indigne de nos temps, mais un acte délictueux, portant le plus grand préjudice à la richesse de la nation.

Organiser l'enseignement par l'Etat ;

La protection par la loi ;

La surveillance par la commune ;

Créer des syndicats, sauvegardant, avec les leurs, l'intérêt de tous.

Telles sont pour nous les grandes lignes qui doivent présider à la création de la nouvelle industrie des eaux et que nous résumerons par ces mots : l'intérêt à produire.

Savoir multiplier le poisson en utilisant les faits acquis et les appliquer rationnellement.

Gardons-nous surtout des enthousiasmes qui ont signalé le début des recherches piscicoles (1850-1860).

Que penserait-on d'un agriculteur qui ferait du Durham sur nos landes ?

Il a été tout aussi sage de féconder et d'élever à grands frais et avec des précautions infinies des alevins de truites pour les lâcher ensuite dans les eaux où ils n'avaient rien à manger !

Oh ! la logique, le sens commun ! n'est-ce pas le cas de répéter :

« Rien de plus commun que le nom
» Rien de plus rare que la chose. »

Nous terminerons cette entrée en matière des quatre conférences que nous avons *proposées*, par les chiffres ci-dessous dont l'éloquence nous dispensera de tout autre commentaire.

La France possède :

2,600 kilomètres de côtes,

400,000 kilomètres de fleuves et canaux,

220,000 hectares d'étangs et de lacs, soit 1/80 environ de la surface du pays (Berthot), rapportant, d'après un document officiel de 1863, 25 millions de francs pour les eaux douces seulement dont 4 millions pour les étangs (Forcade de la Roquette) et plus de 88 millions pour la pisciculture marine (*Journal officiel* du 13 mars 1881).

Nous rappelons ici qu'il y a lieu de ne pas passer sous silence un résultat d'un ordre très particulier qu'entraînera l'accroissement du produit de nos pêches maritimes, nous voulons parler de l'amélioration du sort de nos *inscrits*, cet élément si important de la défense nationale.

Tels sont les termes généraux du problème qui se pose aux pisciculteurs aussi bien qu'à tous ceux qui veulent contribuer à l'étude des moyens à employer pour augmenter nos richesses aquatiques.

Statistique, régime de nos eaux, faunule, florule, économie sociale, botanique, zoologie, physique, chimie, voilà le vaste champ qu'offrent au pisciculteur sérieux les études que nous allons aborder.

PREMIÈRE CONFÉRENCE

Deux études fondamentales doivent précéder toutes celles qui sont nécessaires au pisciculteur :

1° L'étude de l'eau ;

2° Celle des êtres qui y vivent.

L'EAU

L'eau contient :

En volume, hydrogène...........	2
— oxygène.............	1
Et en poids, hydrogène...........	11.111
— oxygène.............	88.889

Elle peut se trouver à l'état solide, liquide ou gazeux.

Neige, grêle, glace, sont de l'eau à l'état solide.

L'eau passe à l'état gazeux, soit par l'ébullition, soit par la volatilisation.

A $+ 4°$ elle est à son maximum de densité ;

A 100° elle entre en ébullition à la pression de 760 millimètres ; enfin elle se solidifie à 0°.

La vapeur d'eau à 100° et à la pression de 760 millimètres occupe un volume 1696 fois plus considérable que le volume d'eau qui lui a donné naissance. La densité de la vapeur d'eau par rapport à l'air est de 0.622.

Nous insistons sur ce chiffre de la densité à $+ 4°$ comme maximum, parce qu'il jouera, dans la pisciculture marine surtout, un rôle sur lequel nous aurons à revenir dans la suite de ces conférences.

C'est à Maury (à propos du savant Commodore, nous recommanderons le rôle actif de la marine des Etats-Unis dans toutes les questions se rattachant à la pisciculture; voir nos articles sur la Sardine *(Journal de l'Agriculture, 1877-1882)*; c'est à Maury que l'on doit l'idée, aujourd'hui admise par tous, de l'harmonie qui existe entre les Océans aériens et les Océans marins, et aussi la solution de la question de la répartition des courants, appelée par Michelet « la circulation artérielle et sanguine de notre planète, » l'eau formant les 4/5 de la composition du globe, c'est-à-dire étant d'après Berzélius dans la même proportion que dans le corps humain.

Eäux météoriques

L'eau peut être météorique ou terrestre; les pluies, les neiges, les brouillards sont des eaux météoriques, tandis qu'au contraire les sources, les ruisseaux, les fleuves, les mers constituent les eaux terrestres.

Les eaux de pluie déposeraient, d'après Barral, de 130 à 150 kilog. de sels fertilisants sur un hectare de terre; la proportion d'ammoniaque contenue dans ces sels augmente avec la température, surtout au-dessus des villes.

Quantité

La pluie couvrirait annuellement la terre d'une nappe d'eau de $0^m.60$ de hauteur, soit 60 hectol. par hectare (Barral); pour la superficie totale de la France, évaluée à 53 millions d'hectares, une masse d'eau annuelle de 3,180 millions d'hectolitres.

Dans le Haut-Cumberland, cette quantité serait, d'après M. De Lavergne, de 60 pouces anglais, et en Jutland, de

738 millimètres, d'après M. Tisserand (Eugène). (Études sur le Danemark, p. 60.)

Barral et Boussingault évaluent à 25 ou 30 kilog. par hectare et par an la quantité d'ammoniaque que les pluies, les rosées et les brouillards fournissent au sol.

M. J. Lawes ne l'estime qu'à 9 kilog. pour Rhotamsted.

Quant à l'acide azotique, un hectare de terre en recevrait annuellement 10 kilog. Barral évalue à 70 grammes la quantité d'acide phosphorique contenue dans un million de litres d'eau de pluie.

N'aurions-nous pas là l'explication du fait physiologique de l'agitation qui se produit dans le monde des eaux par les pluies d'orage ?

Nous verrons dans ces conférences l'utilité et l'importance de ces chiffres auxquels nous reviendrons lorsque nous étudierons l'aménagement des eaux.

La composition en matières minérales des eaux terrestres varie beaucoup.

Voici quelques chiffres pour les eaux de source :

100 litres d'eau d'une source située près de Besançon ont donné à M. Deville, par évaporation, de 28 à 33 grammes de résidu sec, alors que la source d'Arcueil en donnait jusqu'à 54 grammes.

M. Boussingault a trouvé 11 à 14 milligrammes de potasse par litre, dans une eau provenant d'une source d'Alsace, plus 2 ou 3 milligrammes d'ammoniaque.

Quant à la composition des eaux des ruisseaux, des fleuves et des rivières, il est bien évident qu'elle ne peut être autre que celle des eaux des sources dont elles proviennent, augmentée d'une partie provenant de la lévigation et désagrégation des couches géologiques sur lesquelles elles ont coulé.

Au point de vue de la pisciculture intensive, il y aurait des grandes et sérieuses recherches à faire dans cette direction.

Qualités des eaux au point de vue de la pisciculture — Les eaux dites crues et non potables, renfermant plus de 3 décigrammes par litre de sulfate et de carbonate de chaux et de magnésie, ne sont pas favorables au poisson, fait curieux sur lequel nous reviendrons à propos des travaux du frère Ogérien, sur la composition en matières terreuses, sable, argile, carbonate de chaux, et en substances organiques des eaux provenant des crûes des rivières du Jura.

L'eau contient en dissolution 2 à 3 % en volume d'air atmosphérique. C'est là la proportion nécessaire à la vie.

Ayant à revenir sur cette question du changement de composition des eaux par les crûes, les eaux des villes et les résidus de fabrique; la différence entre les eaux des plaines, des montagnes, des lacs, etc. ; nous n'y insisterons pas pour le moment. Ces faits étant connus, il est bien évident que l'eau des puits doit être plus riche en sels que celle des sources.

D'après Payen, le puits de Grenelle débiterait par jour 4,100 mètres cubes d'eau contenant 59 kilog. de matières minérales.

L'eau contient des éléments organiques et salins.

A côté de ces éléments nous trouvons dans l'eau des gaz en dissolution.

Les eaux courantes, par exemple, dégagent par l'ébullition de l'oxygène, de l'azote et de l'acide carbonique, mais en proportions différentes dépendant du plus ou moins de solubilité de ces gaz dans l'eau.

Les quantités dissoutes dans un litre d'eau sont :

Pour l'oxygène de 32 à 68 %.

L'azote de 32 à 68 %.

L'acide carbonique de 1/59 %₀₀.

Pour corriger les eaux crues, il suffit de leur ajouter par litre, pendant l'ébullition, 1/10 de chaux et 1 gramme de carbonate de soude.

La combinaison de la chaux et de la magnésie avec l'acide carbonique est un des grands facteurs de la valeur nutritive des eaux; celles devenant fétides par la putréfaction des matières organiques sont absolument impropres à l'élevage du poisson et doivent être laissées de côté. Leur purification au moyen du charbon ne serait qu'une opération inutile. Les eaux d'étangs stagnants, de certaines mares, celles prises en aval des grandes villes devront donc être toujours fortement suspectes.

Les eaux de la Seine, au-dessous de l'égout collecteur d'Asnières, sont un des plus frappants exemples qu'on puisse citer.

Un travail du docteur Wagner sur l'action toxique des eaux des usines à gaz de Munich déversées dans l'Isar est à citer et à connaître sur cette question de la pollution des eaux.

L'oxygénation de l'eau par les plantes, idée mère de l'aquarium, comme l'a démontré M. Desjardins, de Toulouse, en 1838, est un point qui nous ramène à l'étude de la florule des eaux, car son action peut être considérée au triple point de vue de l'alimentation, de la composition et de la protection.

Florule   Les Charas, par exemple, fournissent à l'écrevisse le vivre
et le couvert par l'azote et le calcaire qu'ils renferment.

Dans leur jeune âge les poissons recherchent les pousses
de quelques plantes, qu'ils soient insectivores ou carnivores;
quant à la grande famille des Cyprins, il est inutile d'en
parler, tant elles sont la base de leur existence première.

La florule est trop importante pour qu'on puisse la né-
gliger.

Nous citerons donc les Algues microscopiques, les Bacillariées, Desmidiées, Conferves, Lemnas, etc.; les Charas
hispida (eaux stagnantes); les Charas, fragilis, gracilis,
hyalina (eaux vives).

Les Lentilles d'eau (Lemna minor, gibba, trisulca); les
Fétuques, la fluitans surtout; l'Acore aromatique (Acorus
calamus); le Roseau commun, à balai; le Nénuphar à fleurs
blanches et jaunes (Nymphéa alba); la Renouée; les Renon-
cules; les Cressons de fontaine et de marais; Iris, Véronique,
seraient à cultiver. Certains Joncs (Scirpus lacustris), la
Massette, la Glycérie flottante, le Roseau phalaris, seraient
au contraire à détruire.

Faunule   Quant à la faunule, nous citerons les Infusoires (Microbes,
ciliaires, flagellés surtout), c'est la première nourriture des
alevins; plus tard les larves des cousins (culex, pipiens et
annulatus); les Ephémères, les Hémérobes, la Semblide des
boues, enfin les insectes aériens qui tombent dans les eaux
aux bords desquelles ils passent la plus grande partie de leur
vie. La faunule, devra également être étudiée avant toute
question d'aménagement.

M. Miquel qui a étudié les Microbes en a trouvé les quantités suivantes :

Eau de pluie 350 par litre.

De Seine 12,000 par litre.

D'égout 200,000 par litre.

Température La température des eaux, ses maxima et minima devront attirer l'attention du pisciculteur : quelques degrés en plus ou en moins pouvant déterminer le succès ou l'insuccès.

La température moyenne de nos eaux de source varie de 9° à 14°.

Dans les lacs ou dans les eaux en mouvement elle peut aller de — 4 et — 10° à + 25° et + 28°, c'est là une question de profondeur, de température extérieure et d'altitude.

Densité L'eau de mer, plus dense que l'eau douce, n'atteint son maximum de densité qu'à + 2°, alors que pour l'eau douce ce maximum est atteint à + 4°.

L'eau froide, plus dense, occupe les couches inférieures ; l'eau plus chaude remonte au contraire à la surface.

C'est dans la zone dont la température varie de + 4° à + 6°, c'est-à-dire à une profondeur de 100 à 125 mètres qu'hivernent la plupart des poissons dans les lacs.

Plus grande est la profondeur de l'eau, plus lent est l'abaissement de la température.

Les beaux et récents travaux de M. Forel sur le lac de Genève, comme réservoir de chaleur pour le bassin du Léman, ont fait de cette idée une vérité scientifiquement prouvée.

Congélation Le point de congélation s'abaisse en raison inverse de la pression.

Dans l'eau peu profonde et non courante, la congélation a lieu de — 2° à — 6° ; sur les grands lacs de — 15° à — 25°.

Des froids prolongés de — 10° à — 12° sur des fonds de 1 à 4 mètres peuvent occasionner la mort de tous les poissons, car, comme nous l'avons vu, la zone hivernale est de + 4° à + 6°.

Nous reviendrons sur cette question à propos des étangs ; nous dirons seulement dès maintenant que l'Anguille et la Tanche supportent le mieux les basses pressions.

La Truite et les Salmonides, en général, même le Tacon, jeune Saumoneau revêtant sa robe d'émigration, périssaient à Huningue à + 22°.

L'hiver de 1789 fit périr tous les bancs d'huîtres de la côte de Vendée, de la baie de l'Aiguillon, de l'île de Noirmoutier, de Bourgneuf ; à moins de 5 et 6 brasses de fond, soit entre 10 et 12 mètres de morte-eau. (Cavoleau).

Altitude

L'inspiration de tous ces êtres est d'après les belles expériences de Paul Bert en relation directe avec l'altitude. Nous signalerons, à propos des Ombres et des Truites, des faits qui confirment cette magnifique découverte.

Les Salmonides se voient peu au-dessous du 40° degré de latitude Nord, excepté aux altitudes de 1,900 à 2,200 mètres qu'alors ils ne dépassent pas. A 1,900 mètres, sous une épaisseur de glace de plusieurs pieds et malgré des hivers de sept à huit mois, nous citerons des faits de reproduction et de repeuplement naturels.

D'après Priestley et les belles expériences de Monro, sur les Raies, l'oxigène peut traverser les membranes qui ne laissent pas passer les globules sanguins.

La rougeur du sang des poissons après son absorption par les lamelles blanchiales nous est donc expliqué.

LE POISSON

Destiné à vivre dans un milieu spécial, l'organisation de ce vertébré doit être spéciale aussi. Si l'on en croit le Stagirite, le poisson se placerait à la base de la création animale

On sait que diverses écoles ont, après vingt-trois siècles, repris les idées du grand naturaliste, ces théories, que la géologie du reste ne contredirait pas, mais que nous nous dispenserons de discuter.

Malgré les travaux immortels de Lacépède, de Cuvier, de Bloch, d'Agassiz, c'est au point de vue de la haute science, la partie des connaissances humaines restée la plus faible.

Dans ces temps derniers, nous devons à Coste, Pouchet, Robin, des faits dont nous ferons notre profit, en attendant que la création de nos laboratoires marins et les efforts qui se produisent dans la direction de l'enseignement de la pisciculture viennent combler une partie de ces vides.

Placé à la base de l'embranchement des vertébrés, ébauche du reptile et de l'oiseau, le poisson est, par sa conformation intérieure et extérieure, admirablement adapté au milieu dans lequel il doit vivre : son corps est fait pour glisser dans l'eau, y monter et y descendre ; y progresser plus ou moins rapidement ; ses membres, restés rudimentaires, se sont disposés en nageoires ; toutes ses fonctions sont, dans leur mode, combinées pour le milieu spécial qu'il habite.

Corps ovalaire aplati, à sang rouge et froid, paré le plus souvent des plus vives couleurs, avec privilège de longue vie, tel est le poisson.

Entre « œil et bat » le corps du poisson doit être divisé en trois parties : tête, corps et nageoire caudale.

Respiration

La respiration se fait au moyen de lames vasculaires, appelées branchies.

Par endosmose, ces branchies, garanties par des espèces de soupapes appelées opercules, s'emparent de l'oxygène contenu dans l'eau en rejetant par exomose l'acide carbonique produit par la combustion interne.

Circulation

Le cœur n'a qu'une oreillette et un ventricule. Ce cœur est essentiellement veineux, c'est-à-dire que le sang qui le traverse est toujours veineux et jamais artériel.

Digestion

L'appareil digestif est des plus simples, excepté la bouche qui est fortement armée (chez le Brochet on compte jusqu'à 700 dents).

La plupart sont ichthyophages; l'estomac n'est qu'une espèce d'élargissement du tube digestif ; l'œsophage est très court et très dilatable ; des barbillons, appendices de la bouche, servent d'organes de tact.

On s'explique ainsi comment les Gades et le Brochet rejettent si facilement par la bouche ce qu'ils n'ont pu digérer.

La respiration est lente chez les poissons ; le cœur chez la Carpe n'a que 18 contractions à la minute, les Salmonides en ont jusqu'à 40. Un fait curieux c'est que la Carpe, dont la température du corps n'est guère de plus d'un degré au-dessus de celle de l'eau qu'elle habite, peut frayer et se multiplier dans des eaux dont la température varie entre + 16° et 22°, 28° même pour la Tanche.

Le froid engourdit tous les poissons et diminue l'activité de leurs fonctions.

La température du sang chez les poissons se modifie avec celle de l'eau, elle peut osciller entre + 6° et + 28° ce qui

explique pourquoi ils ne résistent guère à des froids de — 5°
à — 10°.

On sait que chez les poissons, le système lymphatique est
très développé et que chez l'Anguille, par exemple, existe
dans la région caudale une poche qui a reçu le nom de cœur
lymphatique.

La locomotion se fait au moyen des nageoires et de la
queue; on compte de 1 à 10 nageoires parfaites ou impar-
faites ; les adipeuses non munies de rayons sont de simples
prolongements de la peau. Ces nageoires sont branchiales,
dorsales, ventrales, anales et caudales. L'Anguille qui n'en
a qu'une, sur les 3/4 du corps, rampe dans l'eau plutôt
qu'elle ne nage. La caudale joue chez les Salmonides et les
Requins un rôle fort curieux ; ces derniers pouvant, par le
mouvement de contraction qu'ils lui impriment, s'élever
jusqu'à six mètres comme les saumons.

La classification des poissons par la forme ne pouvait
avoir rien d'absolu ; on en voit, en effet, qui sont ovoïdes,
arrondis, longs, oblongs, lancéolés, linéaires, déprimés,
comprimés, carénés, trygones, polygones, coniques, ventrus,
bossus, en couteau.

La constitution du squelette a servi de base à la classification le plus souvent adoptée, c'est-à-dire à la division en
osseux et cartilagineux.

Les écailles par la réfraction de la lumière donnent aux
poissons les vives couleurs dont nous avons parlé, chez ceux
qui se nourrissent de crabes, crustacés, et spécialement dit-
on de mollusques. Pourquoi ? On sait que les changements
de couleurs des poissons, la transformation du Grondin pen-

dant son agonie était la grande distraction des Romains de la décadence.

On sait surtout, depuis les travaux de M. G. Pouchet, que ces changements de couleurs sont dus à la contraction de cellules particulières. Les écailles ne sont autre chose que des lames aplaties de substance cornée semi-transparente et non adhérente, les unes en cuirasses, les autres en armures ; quand elles sont soudées entre elles, elles sont dites pennées, oblongues, ovales, crénelées, dentées, ciliées, glabres, rudes, striées, ponctuées, imbriquées ou contiguës, rares ou cachées. Cette variété de formes dans les écailles a été le point de départ de la classification adoptée par Agassiz.

La matière visqueuse que les poissons secrètent a un but complexe. Elle est nécessaire pour lubréfier la surface du corps et diminuer la résistance dans l'eau, puis pour s'interposer et limiter le rayonnement du calorique ; en même temps, elle favorise le jeu des écailles dans les mouvements de flexion et empêche l'absorption cutanée.

Le système lymphatique est généralement bien développé chez les poissons et, dans certaines espèces, les écailles très caduques, ce qui explique les précautions avec lesquelles doivent s'opérer les pêches, en automne surtout : tout poisson froissé ou blessé est fatalement voué à la mort prompte.

Muscles, Chair — Davy et Payen nous ont donné sur la composition de la chair des poissons des faits non contestés. Les tableaux de Payen sur la composition en matières grasses, sèches et azotées de la chair de poisson, font règle aujourd'hui en ce qui concerne la valeur chimique de cet aliment. La constatation de la digestibilité de la chair des poissons par les sucs de l'estomac, lui est également due.

Quant à la phosphorescence des poissons, les digressions si poétiques et si logiques de Michelet sur la « mer de feu » et les récentes explorations du *Travailleur* dans le golfe de Biscaye, nous ont laissé sur cette question quelques pages à relire.

Système nerveux. Sens Chez les poissons, l'encéphale est moins volumineux que chez les reptiles et les sens sont plus obtus : les yeux sont construits pour la presbyopie et grands, mais immobiles dans l'orbite ; l'ouïe est rudimentaire, mais suppléée par le tact ; celui-ci s'exerce à travers une peau épaisse et recouverte d'écailles et aussi à l'aide d'appendices cutanés riches en nerfs ; le goût et l'odorat paraissent à peu près nuls. Enfin, d'après quelques physiologistes, certains poissons seraient doués de la faculté d'émettre des sons.

REPRODUCTION

Nous renverrons aux ouvrages de science pure pour la description de cette importante question, des ovaires (organes femelles) et des testicules (organes mâles). Coste, avec sa grande compétence d'embryogéniste, a éclairé cette question d'une façon qui ne sera pas surpassée. L'anatomie de ces organes, la composition physique et chimique des tissus, l'analyse des liquides qui les composent, demanderaient des développements qui nous entraîneraient hors du cadre que nous nous sommes tracé. Une conférence y suffirait à peine.

Fécondation

Pour ce qu'il sera nécessaire d'en savoir nous aurons occasion d'y revenir dans la suite de ce travail ; nous dirons cependant que chez quelques rares espèces marines, telles que certains Squales, Raies, Blennies et chez quelques Silures, la fécondation se fait par accouplement ; quant aux autres, elle est externe et doit être classée en deux opérations fort différentes :

1° La fécondation des œufs libres ;

2° Celle des œufs adhérents.

Dans la première catégorie se trouvent les Salmonides dans la seconde les Cyprins. M. de Quatrefages a formulé, sur ces opérations tant au point de vue de la vitalité des spermes qu'à celui de la maturité de l'œuf, des règles qui font loi pour chacune de ces espèces (Rapport à l'Académie des sciences, 30 mai 1853). La durée de la vitalité des germes pour les Brochets est de huit minutes à + 2° ; pour les Carpes trois minutes à + 12° (aux températures de + 3° + 6° et + 16° et + 28°) en février et en mai. Nous ne prenons que ces deux exemples extrêmes dans ces tableaux sur lesquels nous reviendrons en parlant de chacune de ces espèces.

99 % des poissons sont ovipares et l'on peut dire que les trois quarts de leur vie sont consacrés, chez les adultes, au grand travail de la reproduction.

Milieux

Cette reproduction est naturelle ou artificielle. M. le docteur Lamy, de Maintenon, nous a apporté, sur les frayères artificielles des Cyprins, des faits qu'on ne saurait trop rappeler, et que les grands propriétaires des carpiers de la Marne pourraient peut-être mettre à profit.

Les tièdes et chaudes soirées d'avril et mai, au milieu des

herbes dans les endroits silencieux du fleuve, sont les moments et endroits préférés par la Carpe ; alors que la fosse de prédilection de la Truite sera le caillou moussu d'une gravière de ruisseau par $+ 4° + 8°$ au lever ou au coucher du soleil ; on comprend qu'il n'y a pas là de règles fixes à poser, l'altitude et la température pouvant modifier la maturité de l'œuvée de presque deux mois. Nous citerons des faits. Par livre de poids vivant d'une femelle de Cyprin, Carpe et Tanche, nous maintiendrons le chiffre que nous avons avancé en 1853 de 100,000 œufs et de 1,000 environ pour les Salmonides, Féra exceptée. A $+ 16°$, les œufs de la Carpe éclosent en 24 à 30 jours ; à $+ 19$ on peut obtenir des embryons de Perche en 20 jours ; à $+ 20°$ en 5 jours, l'œuf de Carpe est embryonné. Quant au Saumon, selon la température, l'incubation peut aller de 53 à 120 jours.

Durée de l'incubation

Nous avons souvent parlé de l'expérience que nous fîmes à Huningue sur des œufs de Truites pris dans la glace et qui ne vinrent à éclosion qu'après 117 jours d'incubation. L'oscillation entre $+ 6°$ et $+ 15°$, de même que l'altitude interdisent toute affirmation sur le temps nécessité pour l'incubation, 26 ans après, le même fait fut reproduit à l'établissement de pisciculture de Gloucester (Massachussetts) par M. le directeur Earll sur les œufs aussi libres de la Morue ; là l'écart fut encore plus grand : 50 jours au lieu de 14.

Quant à ce qui se passe dans la nature, nous croyons que les mêmes causes produisent les mêmes effets.

Les faits dont nous allons parler autorisent, du reste, cette manière de voir. Nous citerons en confirmation de ce qui précède, les magnifiques résultats obtenus par notre collègue et ami M. Carbonnier sur le Macropode de Chine qu'il a vu éclore en 65 heures.

Les œufs ont de nombreux ennemis parmi les végétaux : les Algues, le Leptomitus clavatus (Conferves), le Méridion, le Bissus argenteus surtout, les Cynedras (Diatomacées, bacillariées, etc.)

Dans le règne animal des ennemis plus dangereux encore : la Loutre, le Rat, le Martin-Pêcheur, le Grèbe, le Canard ; parmi les Batraciens : Grenouille, Triton, etc. — Parmi les insectes à l'état de larves ou parfaits : le Dytique bordé (Dyticus marginalis), l'Hydrophile brun, etc. — Parmi les Crustacés : la Crevette ou Puce d'eau (Gammarus pulex) sur laquelle il est vrai d'ajouter que les jeunes Alevins se vengent durement quand ils ont été épargnés par elle ; cette Crevette étant leur nourriture de prédilection. Le plus dangereux des ennemis que nous ne saurions oublier est le poisson lui-même, la Loutre au premier rang et même la Carpe qui ne se prive pas de jeunes Alevins. Les poissons ont aussi leurs parasites internes et externes, parmi lesquels nous citerons les Tœnia, dont le docteur Hartz vient de faire une si curieuse étude, à propos de l'épidémie des Ecrevisses dont plus loin nous disons quelques mots ; l'Ascaris capsularia, les Distomes, pour le Saumon, un Crustacé pour l'Anguille (l'Ergasillus gibbus) et une Annélide (Naïs percarum) qui, en 1857, fut si bien étudiée par M. le docteur Chavannes, de Lausanne, à propos d'une mortalité de Perches survenue dans le lac de Genève ; nous avons aussi eu l'honneur en ces temps lointains d'en dire quelques mots dans le *Journal de l'Agriculture*.

Nous ne devons pas passer sous silence les débordements

des rivières, la pollution des eaux par les usines, la navigation à vapeur, mais surtout le maraudage qui va jusqu'à empoisonner tout un cantonnement pour obtenir quelques poissons. Si l'on réfléchit un moment aux résultats que peut produire la malveillance d'un côté, l'ignorance de l'autre, l'indifférence de tous, on ne s'étonnera plus du dépeuplement de nos eaux.

Métamorphose — Chez quelques poissons, la Lamproie par exemple, il se produit des métamorphoses comme chez les Batraciens. Le Cyprinus orfus, le Parr, Smolt, Grilse (premiers âges des Saumons) nous présentent des états, des formes, des couleurs, une structure interne chez la première, des mœurs même dont la connaissance n'est due qu'à la pisciculture.

Nous ne nous occuperons pas des Vivipares ; nous nous en tiendrons à ce que nous en avons dit, pour les Squales, les Gades et certains Gobioïdes, mais en revanche nous nous arrêterons sur l'Anguille et les derniers travaux des docteurs Robin, pour la France ; Sirkys, à Trieste ; et Mather, à New-York.

Migration — Sur la migration nous nous en tiendrons aux deux exemples suivants :

Les Anadromes, les Salmonides, l'Alose, l'Éperlan, etc. remontant de la mer à l'eau douce, et les Catadromes, les Anguilles, quittant l'eau douce aux époques de leur frai.

DEUXIÈME CONFÉRENCE

PISCICULTURE ARTIFICIELLE

Cette opération de la reproduction artificielle des poissons est, on peut le dire, relativement moderne, et sans entrer dans l'historique de la question traitée longuement par nous et reproduite dans notre *Calendrier*, nous ne citerons que l'empoissonnement de la partie supérieure du Doubs, faite artificiellement en 1840 par MM. Agassiz et Nicolet, ainsi que le repeuplement de la Mosellotte par Rémy en 1842.

Ces deux faits sont incontestablement la base de la résurrection de la pisciculture en Europe.

Acclimatation — Nous laisserons de côté l'acclimatation des espèces, estimant que cette question, en l'état de nos eaux, est plutôt affaire de science pure, de laboratoire ou de distraction instructive que d'économie publique; les expériences faites avec le Silure, la Féra, etc., n'ayant jusqu'ici rien donné de bien sérieux. Pour le Saumon, il est vrai, on a réussi dans les eaux fermées, mais *les premières années*, en tous cas comme base d'une industrie sérieuse et lucrative, nous préférons l'élément naturel, le fleuve, la rivière, le ruisseau; ce poisson ayant le rare privilège de pouvoir s'adapter aux trois côtés de la question.

Espèces — Il y a longtemps que nous avons écrit qu'avant d'aller chercher le Gourami, l'Ombre même ou faire des Carassins, pour ne citer que les préférés, nos eaux avaient la robuste Carpe, la Tanche savoureuse et la Perche exquise, le Brochet tout acclimaté, c'est-à-dire des résultats certains et positifs. La logique ne nous indique-t-elle pas avec nos Anadromes et la fine Truite de nos montagnes de commencer par eux.

Mais il y a là deux difficultés : 1° La suppression de l'étang (de l'eau fermée) par la culture, ce que nous discuterons plus tard ; 2° Le braconnage dévastant, par absence des lois de police, les eaux du domaine public.

Conservons d'abord l'équilibre indiqué par la nature, et avant toute tentative de repeuplement artificiel voyons si la *menuaille,* la *roussaille* et la *blanchaille* des eaux n'en est elle-même pas absente ; sinon, on courrait grand risque, en ensemençant en Truites et Saumons les cantonnements qui en sont privés, d'attacher *un cheval devant un râtelier vide.*

Il y a là trois catégories de poissons nécessaires les uns aux autres : 1° Avant tout les Cyprins, la Brême, la Vandoise, le Chevenne, le Nase, le Rosse, le Rotengle, le Chabot, l'Ablette, le Gardon, le Véron, les Goujons, sont considérés par nous comme la première assise de l'assolement de nos eaux ; 2° La Carpe, la Tanche, le Brochet, le Barbeau, l'Anguille qui sont à élever et engraisser dans des conditions spéciales et déterminées ; 3° La Truite, le Saumon, l'Ombre, la Féra, le Lavaret, base de l'industrie ayant la pisciculture artificielle comme moyen et le profit comme but.

Un point important et sur lequel nous insisterons, c'est qu'avant de tenter un empoissonnement il faut bien observer la proportion, le parallélisme qui doit exister entre les mangeurs et les mangés, les dévorants et les dévorés.

La pisciculture artificielle ne doit être là qu'un accessoire tantôt secondant, tantôt remplaçant la nature mais en lui aidant par les conditions physiologiques et pratiques au milieu desquelles avant tout on doit avoir la précaution de se placer.

Nous avons dit précédemment que cette question des frayères artificielles avait été traitée par M. le D\u02b3 Lamy, à Maintenon, pour les Cyprins, la Carpe spécialement.

Pontes   La Carpe, la Perche et le Brochet déposent leurs œufs de février à juin, en forme de grappe, sur les herbes des bords tranquilles et bien exposés ; rien n'est donc plus facile que de se les procurer, puisqu'on peut là, à volonté, diriger les pontes naturelles après y avoir placé des châssis garnis de brindilles et convenablement immergés dans les endroits choisis.

En Chine, la récolte des œufs ne se fait pas autrement, qu'avec des toiles à jour placées aux barrages des fleuves sur des cadres qui sembleraient avoir servi de modèles aux pêcheurs d'anguilles de la Trésa (Italie) aux grandes descentes de l'automne. Chez nous l'empoissonnement du lac Paladru, par M. Rico, par des motifs que nous développerons, n'a pas eu d'autre secret que la recherche de l'œuf sur la frayère naturelle, artificiellement incubée, et l'Alevin transplanté alors dans les milieux où il a dû se développer.

La Fécondation artificielle des Cyprins a toujours été regardée par nous comme une distraction dont une industrie sérieuse ne doit pas s'occuper.

A Enghien, nous récmpoissonnâmes le lac (partie supérieure) avec une douzaine de mères Carpes de deux et trois livres, achetées à la halle, auxquelles nous avions joint huit ou dix *peinards* du même poids.

La feuille d'automne (du poids de 5 à 8 grammes) y était en telle quantité, jusqu'au moment de sa descente vers le fond, que les cressonnières en étaient littéralement remplies; il n'y a là que quelques précautions de curage et de faucardage pour assurer le succès d'un réempoissonnement naturel, par la frayère artificielle.

Châssis Lamy

La construction d'un des châssis Lamy nous revenait à 6 ou 7 francs par mètre carré, cordage d'immersion compris.

La calaison de ces châssis, avec bords préparés, est une question d'exposition, de stabulation des poissons. Dans tout lac et rivière un peu considérable on sait que le poisson a, aux heures de repos et de frai, ses cantonnements de prédilection.

Tout ce qui est fait de métal, toiles galvanisées et le reste, serait soigneusement écarté. Rappelons ici le magistral rapport de Coste sur les phénomènes électro-chimiques et magnétiques qui se produisent durant l'incubation de l'œuf placé sur le fer, tuant infailliblement l'embryon. M. Carbonnier a obvié à cet inconvénient en faisant subir au fil employé à la confection de ses tamis une préparation qui a neutralisé le fait sur lequel Coste avait, il y a quelque trente ans, appelé l'attention de l'Académie des sciences et des pisciculteurs. Quelle est cette préparation, nous l'ignorons, mais M. Carbonnier est trop dévoué à la question piscicole pour ne pas, un jour ou l'autre, la faire connaître.

Menuaille

Parlerons-nous des autres variétés de Cyprins, des espèces composant la grande démocratie des eaux : Ablettes, Goujons, Gardons, Vérons, lesquelles, avec le Barbeau, le Nase, la Lotte, le Chevenne, fraient sur le sable ou les graviers en eau courante ? Il nous paraît inutile de s'occuper de leur multiplication.

Protégeons-les seulement contre les maraudeurs, et ils feront une meilleure besogne que nous. La nature ayant prévu leur rôle utile par sa prodigalité envers ces sacrifiés de l'eau.

Espèces fines — Quant aux espèces plus délicates et plus fines, telles que : Féras, Ombres, renoncez à leur montrer le chemin et à leur tracer la ligne à suivre sur une frayère artificielle arrangée naturellement dans un ruisseau, ou les fonds herbus des lacs, *vous ne les y verriez jamais;* du moins cela ne nous est jamais arrivé dans notre pratique. Les Truites et les Saumons ne déposent pas non plus leurs œufs sur les cailloux *fraîchement* remués ; le caillou *moussu,* comme nous l'avons dit, est le seul qui leur convienne, excepté dans de très rares circonstances, aux têtes des ruissaux par exemple, en eau courante; ailleurs nous ne les avons jamais vus. Le directeur de la pisciculture de Nikosky (Russie), M. Grim, recueille le frai des Cyprins sur des branches entières de sapins immergées comme nos tamis du docteur de Maintenon et retirées lorsquelles sont chargées d'œufs *marqués.*

A Huningue nous avions essayé et n'avions pas réussi, la faute en était elle à nous, aux eaux ? Quant aux poissons, ils eurent certainement une raison, mais laquelle ?

Conditions — Les pêcheurs du Rhin savent bien pourquoi ils placent « l'appelant », c'est-à-dire le mâle au moment de la remonte, dans les parties du fleuve où les cailloux n'ont pas été fraîchement remués.

Nous tenons pour inexact ce qui a été publié au sujet de la frayère artificielle en grande eau pour les Salmonides ; aux têtes des bassins, cela peut être possible, mais encore avec quelles précautions !!

Nous laisserons aussi aux fantaisistes la création, en grande eau, des frayères naturelles de Lottes et de Brochets, au moyen de caisses avec addition de fumier de mouton et le reste. Comme il est facile et aisé d'aller, en décembre, janvier et dans les premiers jours de février, préparer des fosses de 2 mètres 50 ou 3 mètres de long à 1 ou 2 mètres de profondeur d'eau !

Précautions

Lâchez quelques canards en avril ou en mai dans les frayères naturelles de Perches et cela deux ou trois ans de suite et vous pouvez être assuré qu'il n'en restera guère dans les eaux que vous vouliez en débarrasser. Autant nous sommes partisans de la multiplication de la Carpe par la frayère Lamy, autant nous regardons comme hasardé tout ce qui touche à cette question pour toutes les autres espèces. Inutile même d'ajouter qu'à la meilleure des frayères Lamy, nous préférons encore la frayère naturelle à la queue de nos étangs parce qu'elle est plus simple, plus économique et d'un résultat plus certain.

Têtes de bassins

La frayère naturelle pour les Salmonides, au ruisseau, à nos têtes de bassin, préparée de longue main (le cantonnement étant au préalable préparé et surtout surveillé et protégé), est, et sera toujours notre objectif préféré ; mais là où cela ne sera pas possible, là où l'on devra rattraper le temps perdu, nous aurons recours à la fécondation artificielle dont nous allons maintenant nous occuper.

En voici les phases successives :

Choix des reproducteurs.

Pontes et fécondation.

Incubation. — Eclosion.

Elevage. — Dissémination.

Choix des reproducteurs

Le choix des reproducteurs, quand on veut faire des fécondations artificielles, est un point fort délicat, chez les Saumons surtout, où, par un fait encore inexpliqué, il y a trois et quatre femelles pour un mâle, alors que pour la Truite de ruisseau, c'est le contraire qui a lieu.

Aussi quelles précautions ne prend-on pas sur le Rhin pour s'emparer des premiers remontants « les appelants ». — L'appelant mâle est attaché sur la pêcherie où les femelles ne tardent pas à venir le rejoindre. Le mâle d'été, dont la laite est toujours plus avancée que l'œuvée de la femelle, est le préféré.

Il faut alors séparément dans des *boutiques* lisses, traversées par le plus d'eau possible, le nourrir avec de la blanchaille, mais pas trop, car la maturité précoce de sa laite ferait manquer le but.

Précautions

La séparation des sexes, pour tous les poissons, est la première des précautions et ce *n'est pas toujours la plus facile*.

C'est en cela, comme nous l'avons souvent dit, que Glaser *le père* avait le coup d'œil et la main d'une habileté sans pareille.

Une des grandes difficultés que nous avons eu à surmonter à Huningue, était, à l'arrière-saison, vers la fin de janvier, de nous procurer des Truites ou des Saumons laités. L'observation de la rougeur anale, chez le mâle surtout, est de toute nécessité pour échelonner l'opération avec les femelles mûres qui, elles, alors, manquent rarement.

Nourrir les reproducteurs en stabulation est inutile pour

ceux dont la laite est en état de maturité ; durant une période de deux ou trois semaines, ils mangent peu ou point, mais aussitôt après ils reprennent un formidable appétit.

Choix

La Truite de trois à six ans de 1 kilog. à 1 kilog. 50 est préférable. Quant aux Saumons, nous avons fécondé des femelles de 20 à 25 kilog. avec des petits Truitons de trois ans pesant à peine 500 grammes et cela pour des œuvées de 35 à 45,000 œufs.

Ce fait nous dispense de détails sur l'âge, le choix et le croisement de ces deux espèces d'une même famille.

L'étude de la maturité de la femelle est l'A. B. C. du pisciculteur le plus novice. L'œuf détaché, tombant avec une belle couleur d'ambre clair, quand on le place dans la position perpendiculaire, est l'indice qu'il n'y a plus une heure à perdre pour la fécondation, car alors la femelle le lâcherait et il serait dévoré par ses co-prisonniers, ou il se gâterait, donc œuvée perdue dans l'un et l'autre cas.

Fécondation des œufs libres

Quant à l'opération en elle-même, voici comment elle se pratique : au-dessus d'un baquet d'eau propre d'une contenance de 20 à 25 litres, à la température de $+ 6° + 9°$ on prend délicatement la femelle qu'on débarrasse au moyen d'une légère pression sur les côtes ; on verse ainsi dans ce vase l'œuvée de 2, 3 et 4 femelles, qui tombent dans les quelques centimètres d'eau du baquet ; après les quelques instants dont on a besoin pour prendre le mâle, on arrose le tout de quelques gouttes de laitance, on remue aussitôt et après deux ou trois minutes d'un absolu repos, on nettoye à grande eau. Le mâle non épuisé sera soigneusement remis en boutique pour le lendemain, car les mâles, nous le répétons, doivent être ménagés à l'arrière-saison surtout.

Résultats divers

Quant à la fécondation à sec de M. le Dʳ Wrasky, dont on a beaucoup parlé, c'est au Dʳ Knoch qu'on doit et le mot et la chose, M. Wrasky n'en fut que le vulgarisateur, nous avouons n'en pas trop connaître la nécessité. Glaser nous manquait rarement, sans parler de nos pisciculteurs, une réussite de 80 à 95 % de l'œuvée. Que veut-on donc de mieux ?

A ce propos, nous ignorons comment un de nos successeurs à Huningue a pu avancer que, dans la nature, sur la frayère naturelle, le coefficient de réussite n'était que de 10 % ; pour un homme habitué aux chiffres, à la précision, nous lui demanderions comment un pareil fait a pu se constater, se vérifier et s'avancer si doctrinalement. Dans les millions d'œufs et les centaines de frayères que nous avons eus, trente années durant, sous les yeux, nous avouons n'avoir jamais été à même de faire une observation si précise. Nous nous demandons même comment elle a pu être faite. Sur ces questions de fécondation, d'éclosion et d'incubation nous renverrons aux pages 31 et suivantes de notre Calendrier pour faits et détails qui ne sauraient entrer dans ce cadre.

Un certain trouble des liquides de l'œuf indique aussitôt la réussite de l'opération ; l'œuf non fécondé ou malade devient blanc, opaque ou reste clair.

Quant à leur augmentation de densité, c'est encore une de ces réflexions en l'air, contre lesquelles nous ne cesserons de nous élever. On ne devra jamais faire durer une fécondation artificielle plus de trois ou quatre minutes.

On sait que M. de Quatrefages nous a fait connaître

pourquoi et comment la laite expulsée en plein air meurt, nous n'y reviendrons pas.

La fécondation humide donnerait des mâles et la fécondation sèche une proportion de 100 femelles contre 20 mâles, encore fait en l'air, que nous sommes prêt à accepter aussitôt que M. le Directeur de la pisciculture russe de Nikolsky nous en fournira *expérimentalement* la preuve. Depuis de longues années nous avons lu, même du vivant de Coste, ce vieux cliché auquel il n'a jamais cru.

La fécondation des œufs adhérents (car ce qui précède ne se rapporte qu'à l'œuf libre), ne doit avoir lieu que dans l'eau ayant une température de $+ 16°$ à $+ 20°$. Nous n'y insisterons pas, n'en ayant jamais bien compris l'utilité pratique, car nous tenons à ce qu'il soit de nouveau constaté, que pour nous, entre le ruisseau et le laboratoire, il ne doit plus y avoir rien de commun dans l'application économique de la pisciculture.

L'incubation artificielle de l'œuf doit s'opérer sur les baguettes en verre de l'appareil Coste; avec regret nous avons lu dans ces derniers temps que l'on contestait à Coste une priorité incontestable, cette question de l'appareil du Collège de France. Nous en appelons, du reste, à M. Caron lui-même, à cet ouvrier de la première heure également; sur un point fort sérieux et de la plus haute importance et que nous qui avons eu l'honneur de voir, nous ne laisserons jamais contester à cet ancien collaborateur et ami vénéré. A l'abri de la lumière, afin d'éviter l'invasion du byssus sauf dans quelques cas exceptionnels que nous signalerons. Quant aux appareils incubateurs, caisses Jacobi, boîtes Rémy, tamis de MM. A et B, tout cela est aujourd'hui jugé.

Les Américains, avec le nettoyage de l'œuf par le dessous, ont seuls fait quelque chose de nouveau dans cette direction. Nos successeurs à Huningue s'en servent (et, disons-le, parce que c'est la vérité), avec intelligence et succès; nous avons été assez sévère envers eux pour avant tout leur rendre justice quant ils le méritent.

Engins d'incubation

Le Rat d'eau sera le grand ennemi dont nous devrons préserver nos frayères naturelles de Salmonides durant l'incubation. Avec ses caisses emboîtées, M. Carbonnier est celui qui nous semble avoir le plus pratiquement résolu ce fort délicat problème; car l'osier, les boîtes trouées n'évitent là un mal que pour tomber dans un pire.

Coste a démontré que la stabilité de l'œuf, adhérent ou libre, dans le premier tiers de son incubation, est la condition essentielle du succès; le moindre déplacement de la goutte huileuse, du germe fécondé en un mot, brisant les membranes microscopiques de l'intérieur, amène une mort immédiate.

Après ce fait, scientifiquement prouvé, qu'on ne nous parle plus des tamis flottants, pour l'Alose peut-être excepté; l'envasement des boîtes par les limons des crûes, la nécessité de les remuer pour nettoyer ou vérifier serait déjà, en dehors du grand fait physiologique cité ci-dessus, plus qu'il n'en faudrait pour les faire abandonner.

Les premiers expérimentateurs, des hommes positifs et sérieux, Agassiz et Nicollet, notre ancien professeur à l'Institut agronomique de Versailles, ne s'y étaient pas mépris et s'étaient déjà garés de cet inconvénient majeur.

L'embryon une fois formé, les points noirs et la ligne

visible à l'œil nu, tout danger a disparu ; et les appareils flottants des Hollandais copiés du Dr Hennoc (on verra plus loin dans quelles curieuses circonstances) sont alors logiques et facilitent l'éclosion, ce qui est la troisième phase à réussir ; pour nous, nous n'y verrions qu'un appareil d'éclosion plutôt que d'incubation. Ce système est aussi appliqué en grand à Howietun pour la deuxième série des incubations, et cela pour des millions d'œufs à la fois ; nous en reparlerons.

Les jeunes — L'éclosion n'est qu'affaire seconde quand l'incubation et la fécondation sont bien réussies. Si tout se fait sur l'appareil Coste, les jeunes tombent avec leur sac ombical au fond de l'auge, en passant sous les baguettes en verre formant le premier fond, ils se dirigent aussitôt vers l'eau fraîche en s'y accumulant par paquets. Pendant les dix ou quinze premiers jours, aucun danger n'existe, étant donnée l'éclosion faite à peu près simultanément, mais passé ce temps, les plus vigoureux, au fur et à mesure que disparaît la vésicule, se mettent à saisir leurs frères plus faibles, et en font ainsi périr un grand nombre. Les lâcher aussitôt dans les eaux à empoissonner serait les exposer, eux à leur tour, à une mort presque certaine, il est donc plus prudent de les séparer en les conservant.

Fossés-Viviers — C'est ici que se présentent à notre examen, l'éducation, les fossés-viviers de M. de la Blanchère, essayés à Huningue bien auparavant et ressuscités comme idée nouvelle dans le même établissement dix-huit ou dix-neuf années après. Le garde pisciculteur Bingler, le seul qui reste à Huningue allemand, en pourrait dire long là-dessus, lui, aux soins et au dévouement duquel nous avons dû, avec les 40,000 alevins placés au bois de Boulogne en 1854, le premier Huch *vivant vu* en France.

Dans ces conditions l'alimentation artificielle est donc le complément forcé de l'éclosion artificielle ; la page 38 de notre Calendrier traite cette question de la dissémination après l'éclosion. Nous n'y insisterons que pour ajouter qu'à côté du système anglais, employé au Tay avec bassin pour chaque âge de jeunes, il se fait au grand établissement d'Howietun, par M. Maitland-Gibson, des expériences sérieuses, et sur une grande échelle, tant au point de vue industriel que scientifique dont nous aurons à rendre compte prochainement.

Le tout n'est pas de couper, il faut coudre, disait le rusé ministre de la Fronde, ce n'est pas tout que de féconder, incuber, faire éclore ; il faut élever et sauver.

Education — Nous ne repoussons pas l'idée de la nourriture artificielle du premier âge, jaunes d'œufs, cervelles délayées, poissons frais hachés menus et tamisés, lait caillé, bouillie claire, des infusoires (Monas, proteus), volvox, Cercaires, Colpodes, Trichodes, Cypris, Cythères, Cyclops, larves de Tipulides, de Libellules, de Cousins, de Phryganes, Crevettes d'eau douce (pulex), Sauterelles, jeunes Lymnées, tous ces moyens, même la farine de Hannetons préconisée par M. Carbonnier, dont la haute mission de vulgarisateur est connue ; bref, tous ces moyen de faire du poisson à 50 fr. le kilog., mais nous préférerions nous en tenir à la nourriture du poisson par lui-même, le plus fort, comme dans la nature, dévorant le plus faible, seul mode rationnel et économique, mis en œuvre lors de l'empoissonnement du Bois de Boulogne, et renouvelé en partie avec tant d'à-propos par le propriétaire créateur de Saint-Genest, M. de Féligonde.

S'imagine-t-on, par exemple, un pisciculteur des Vosges ou de la Nièvre, élevant ses jeunes Féras, ou ses Ombres avec des *moules fraîches* pilées, prises où? si ce n'est au bord de l'Océan; énoncer de pareilles idées, les faire connaître, est selon nous plus que suffisant.

Moyens divers   Quant aux Cyprins, M. le Dr Horrah, propriétaire de plus de 1,000 hectares d'étangs, en Bohême, nous a, pour la feuille de Carpes, cité l'utilité des grains de maïs cuits, de matières en décomposition tenues près des bords ou suspendues, enveloppées de paille, sur l'eau même, fumier de mouton, fiente de vache, etc.

On ne saurait oublier que la propreté la plus grande doit être entretenue dans les auges ou les bassins, aux toiles de séparation surtout dans le cas où on ferait l'alevinage artificiel avec des matières animales; sans ces précautions nous avons vu enlever du soir au matin des auges de 1,000 et 1,200 alevins.

C'est ce qui fit le premier succès de l'auge américaine dite du Canada au lavage par le dessous, et à ce propos nous constatons avec empressement que les Seth-Green, Mather, Baird, Stone, ces Coste de l'Amérique n'ont pas perdu une minute de leur temps à réclamer l'appareil Green, le tamis Mather, la rigole Sthone, etc. C'était pratique, on le baptisa Américain, ce fut tout et suffisant.

Leurs noms pour cela, en sont-ils moins connus et honorés? Nous ne le pensons pas. Un point fort important est donc la distinction à établir entre la dissémination de l'alevin destiné aux expériences de laborataire ou de

l'aquarium et celle de l'alevin destiné à la pisciculture artificielle.

Transport
des alevins

Quant à la question du transport de l'alevin, que de
prétendants à ces prétendus moyens !

Quand M. Coste nous donna l'ordre de transporter avec
Glaser (le père), les 15,000 Truitons des lacs Suisses, pris à
Huningue pour compléter l'empoissonnement du lac supérieur du bois avec 20 ou 25,000 provenant du Collège
de France, il ne vint à l'idée d'aucun de nous de prendre
brevet.

Un tonneau oblong, renflé sur le centre, garni d'herbes
aquatiques, la température soigneusement entretenue entre
$+ 10^\circ$ et $+ 13^\circ$, une eau limpide, propre et ne provenant
pas de puits (ou si tel devait être le cas, l'aérer et la battre
au moins une heure durant,) tel est le grand mystère du
transport de l'alevin ; le tonneau non fermé par le haut, l'eau
y étant renouvelée toutes les cinq ou six heures, lâchée par
le bas et rempli en cascade par la bonde.

Plus l'alevin est jeune, plus on le transporte facilement.

Nous ne pourrions citer tous les modes de transport de
l'alevin, depuis le radeau modèle du digne M. Berthot, ce
vrai père de l'Huningue français, jusqu'aux innocentes amu-
settes des marchands du quai de la Mégisserie.

On transporte l'œuf fécondé dans la mousse humide super-
posée par couche en double boîte garnie de sciure de bois
durant les froids ou de glace quand il fait chaud, nous dirons
que ces procédés sont suffisamment consacrés par la pratique.
L'Australie lui doit maintenant le Saumon d'Europe ; de ce
côté le parfait est donc presque atteint.

En Suisse, comme on a l'habitude de ne manger le poisson

qu'aussitôt après sa mort, on le transporte, la Truite surtout, dans des vases en bois (Mechterly), d'une capacité de 14 à 15 litres, percés de trous à la partie supérieure. Ils se portent sur le dos en ayant la précaution de faire boire aux fontaines (rafraîchir).

Nous en avons vu transporter ainsi quatre et même cinq heures durant, au nombre de 30 à 35 pièces de 15 à 30 centimètres. Toutes arrivant vivantes.

Transport des œufs adhérents — Le transport des œufs adhérents, que nous ne conseillerons pas, se fait par paquet humecté ou dans des linges imbibés, lorsqu'on est obligé de le faire, avec addition de glace; cette opération ne peut se faire qu'au printemps et au commencement de l'été; le transport des étalons, des reproducteurs, en un mot, est une opération plus difficile, demandant un matériel et des soins spéciaux.

Nous citerons, comme un exemple de réussite extrême, l'arrivée à Paris, pour y peupler un bassin spécial du Bois de Boulogne, de sept Silures que l'un de nos pisciculteurs nous avait amenés du lac Fédersée, en Bavière.

Le plus gros pesait entre 100 et 110 livres et le plus petit 70 ou 75 livres.

Castration — Nous ne parlerons que pour mémoire de la castration des poissons. Comme pour le mouton, le bœuf, le chapon, ils seraient, dit-on, plus savoureux.

Nous sommes bien loin, hélas ! des temps où du côté nous n'aurions que l'embarras du choix. Affaire de laboratoire, soit, mais non de pratique industrielle ; nous n'en parlerons que pour relever une grande erreur.

Carpeaux — Le carpeau de la Saône, a la chair saumonnée, belle et ferme, ainsi que celui du Rhin. Ceux provenant des étangs du Lindre, étaient « les morceaux du roi ». Louis XIII, lors de son voyage à Metz, en ayant goûté, avait donné l'ordre de lui en servir à Versailles ; ces Carpeaux ne proviennent nullement de la castration ; ils se rencontrent partout, aussi bien dans les Marais mouillés de la Vendée que dans les étangs de la Marne, c'est simplement le résultat d'un arrêt dans le développement de leurs organes reproducteurs, et cela par des causes inconnues encore, mais que nous ne serions pas loin d'attribuer à celle que Charles Fourrier nous a donnée de la fleur double en opposition aux théories Malthusiennes.

Pléthore, embonpoint, provenant des bonnes conditions dans lesquelles ils vivent, richesse des fonds, nourriture abondante.

L'histoire de la castration des poissons, depuis le marchand de poisson Samuel Tull, de Londres, la communication de Hans Sloane à l'Académie en 1742, jusqu'au mémoire de M. le baron de la Tour d'Aigues à Duhamel du Monceau (pages 32 et 33, du Dictionnaire général des pêches) sont à lire, comme curiosité piscicole, nous le conseillons.

Chez les animaux supérieurs, la castration s'opère par ablation, mutilation, torsion des cordons, ovaires, testicules. Chez le poisson le coup de main de ladite opération ne consiste que dans la solution de continuité des canaux spermatiques du mâle (canaux déférents) et des oviductes de la femelle. Nous avouerons que le sensé et si judicieux M. Puvis nous a surpris, quand nous l'avons vu prôner des pratiques qui n'ont rien de commun avec les principes économiques dont il s'est fait pour son département (Ain) le si compétent interprète.

Précautions

Si la pisciculture, comme l'a si souvent dit un homme que ne doivent pas oublier les amis de l'enseignement de la pisciculture, M. de Tillancourt, est chose simple et d'exécution facile, c'est avant tout à la condition de ne traiter les fécondations artificielles qu'avec les soins les plus méticuleux et l'attention la plus soutenue, c'est avant tout une question de logique et de sens commun. Du reste, peut-on et doit-on en agir autrement, quand on a à s'occuper d'un être aussi délicat que le poisson. Les magnaneries, les basse-cours, n'ont fait dans ces derniers temps de si remarquables progrès qu'à ces conditions.

Débarrassons donc la pisciculture de tout ce qui confine au laboratoire d'abord, abordons-la par le côté économique, en sachant voir les faits.

L'insuccès de la pisciculture en France, après le grand enthousiasme de 1852 à 1860, n'a pas eu d'autres causes à côté des remuantes personnalités qui avaient rêvé de l'accaparer, que le manque de logique avec lequel on persistait à procéder.

Que sont devenus les millions d'alevins gratuitement et généreusement répandus sur la France par l'établissement d'Huningue ???

La réponse est malheureusement facile ! Alors que le Tay, Galway, l'Yssel, doublaient et triplaient le produit de leurs eaux, chez nous, tout sombrait, tout s'effaçait, et cela non de par les personnalités administratives que nous signalions en ces temps lointains, mais bien plutôt par la fausse voie dans laquelle on avait engagé et on maintenait la question.

Faits

Nous lisons dans le rapport de M. Vaillant, sur l'exposition piscicole de 1878', ce qui suit : « M . de Folleville s'occupe de pisciculture dans la Seine-Inférieure depuis 1856 avec le plus grand zèle ; il s'est voué au réempoissonnement de la Saane, dans laquelle de 1868 à 1878 il a lâché 421,000 alevins de Truites. Le résultat obtenu ne paraît pas avoir répondu jusqu'ici à tant de bonne volonté et de dévouement à son pays. »

Ce qui nous amène à finir par où nous avons commencé, à savoir qu'avant toute tentative d'empoissonnement, d'assolement d'un bassin, l'étude de la faunule et florule dudit bassin est d'absolue nécessité.

Aux dévorants donnons d'abord ce qu'ils doivent dévorer et, cela fait, semons avec intelligence et protégeons par de bonnes lois.

Un fait est venu heureusement nous consoler dans cette triste situation de la pisciculture en France, son insuccès dans le domaine public a été relativement compensé par les faits obtenus dans les eaux fermées, lacs et étangs.

Quand on a vu ce qui se passe dans l'Est. les étangs de la Marne par exemple, et les tentatives, les bonnes volontés mises en mouvement dans le Midi, pour la culture rationnelle des eaux saumâtres (étang de Mauguio surtout) où toute une population demande la liberté et l'enseignement des choses des eaux, il n'y a pas à désespérer.

Les départements du Puy-de-Dôme, de l'Isère, de la Somme, de l'Ariège, de Seine-et-Marne et de la Marne sont spécialement à signaler dans ce mouvement.

N'oublions pas que le bon aménagement des étangs n'a rien d'incompatible avec l'hygiène publique et que maints prés mal soignés et marécageux sont autrement dangereux.

S'il est incontestable que, sous des influences politiques, sensées humanitaires, et le manque de capitaux, les étangs ont été desséchés dans certaines régions de la France, pour être plus tard recréés dans certaines autres, il n'y avait là que le résultat d'une anarchie causée par l'ignorance des faits économiques aujourd'hui parfaitement précisés.

Dans la Nièvre, il est prouvé que certains étangs en sont arrivés à rapporter 189 fr. par hectare et par an (rapport de M. Dugué, professeur d'agriculture à Tours) et cela en réalisant cette prophétie de Toussenel : le jour viendra où l'on fera de la pisciculture une grande industrie nationale, parce que, à côté de son produit qui ne prend rien à personne, elle sera de toutes les industries agricoles celle occupant le moins de bras et pouvant, avec le moindre capital, donner la plus grande somme de produit.

Et maintenant qu'on compare les faits ! La culture la plus intensive d'un hectare de blé en pleine Beauce avec celle d'un hectare d'étang dans la Nièvre.

Nous attendons la réponse en toute confiance, car la preuve est faite, la pisciculture ne craint de ce côté nulle comparaison. Sans parler du produit annuel de 150 marcks, par *Morgen* du Baron de Rothschild, en Silesie, soit 670 fr. par hectare, chiffre *revu, corrigé* et *augmenté* par Von Born, à Berneuchen.

Par les tableaux de Davy et de Payen, nous savons quel est le coefficient de matière alimentaire, la richesse en azote et phosphate surtout, que la pisciculture jette et pourrait jeter sur le marché de la France, sans nuire pour cela à nos éleveurs de l'Ouest.

Un kilogramme de Brochet, par exemple, est en azote

l'égal de celui du meilleur mouton rôti avec 7/10 de phosphate
en plus. Si nous ne parvenions qu'à doubler le produit de
nos eaux douces, qu'un document officiel fixait en 1863 à
25 millions de francs, et qu'en 1880 nous n'avons pas hésité
à porter à 34 millions, ne voit-on pas de suite les conséquences
des mots prophétiques jetés à la France, comme il lui en a
été jeté tant d'autres, par ce grand et spirituel voyant, notre
cher Toussenel.

Puissent ces quelques lignes arriver dans la retraite qu'il
s'est choisie en abandonnant un monde qui ne doit pas
l'oublier !

Voici les principes de pisciculture par lesquels nous
terminerons notre deuxième conférence :

Enseigner la pisciculture.

Réviser la législation de nos cours d'eau et cela au triple
point de vue de l'agriculture, de l'industrie et de la
pisciculture.

Corriger les règlements sur la pêche et la pollution des
eaux.

Surveiller par l'État, les communes et les syndicats.

Favoriser en les règlementant la formation des syndicats,
tant celles des communes que des associations privées.

TROISIÈME CONFÉRENCE

Les Cyprins sont par excellence les poissons des eaux fermées, des rivières, des étangs affectés à l'élevage ou à l'engraissement : de là, deux grandes divisions , donnant naissance à deux grandes industries dont nous allons nous occuper.

Cette grande famille des Cyprins comprend à elle seule plus de la moitié des poissons de l'Europe, qui, en revanche, ne possède qu'un ou deux échantillons des Esoces (Brochet).

C'est elle qui est la base de la blanchaille, roussaille et menuaille des eaux dont nous parlerons, en y insistant, car elles ne constituent pas seulement nos ressources dans le présent, mais encore les grandes espérances de l'avenir.

Cette grande famille se compose de plus de cinquante genres, dont nous ne prendrons que quelques-uns.

Origine
de la carpe

D'où vient la Carpe ? De la Perse ou des lacs supérieurs de la Chine ? C'est un point que nous laisserons à éclaircir à MM. Martinet et Sauvigny.

D'après le premier de ces auteurs, elle viendrait de la Perse et aurait été introduite en Europe avec le Cerisier par Lucullus, le vainqueur de Mithridate ; notre vieux et érudit Rondelet, l'ami de Rabelais, était de cet avis.

Worth, prétend, lui, qu'elle vient de la Chine, par l'île de

Sainte-Hélène, d'où elle passa en Angleterre en 1514 et, d'après Oxe, en Danemark, en 1560.

Les premiers documents non discutables, où la Carpe est citée, sont, d'après M. Edmond Bonnaffé, d'abord un arrêt du tribunal de l'Inquisition de Toulouse en 1312 (*et dedit dicto heretico unam carpam tunc fuerat piscatus*), puis les statuts de l'abbaye de Saint-Claude en 1448.

Fraye   Existe-t-il deux frayes chez la Carpe comme l'a avancé M. Biemer, pisciculteur, employé à Huningue ; ou serait-ce l'effet d'une maladie des ovaires, comme le soutient Lacépède ? Dans certains milieux ce même ovaire serait toujours en travail ; ou bien comme pour certains arbustes, une fleur naissante succéderait-elle à un fruit ?

Un œuf naissant à celui fraîchement pondu ?

Grosse question que nous ne nous permettrons pas de trancher, mais dont un fait historique dans la pisciculture donnerait, peut-être, la solution, c'est le rapport de Coste, sur cette même question, à propos d'une communication de M. Sapin, sous-inspecteur des douanes à Anzin, lui signalant le fait qui se produisait à son grand étonnement dans un bassin, recevant le trop-plein des eaux d'une machine à vapeur de la mine, eau dont la température ne tombait jamais au-dessous de 20° et dans laquelle le hasard lui avait fait mettre quelques Cyprins. Le régisseur actuel de Huningue, M. Meyer, signale le même fait, se produisant chaque année dans les grands carpiers que les Allemands y ont installés et où, comme nous l'avons dit, cet élevage a lieu sur une grande échelle. D'après les récents travaux des pisciculteurs Américains sur la Morue, pour lesquels des laboratoires marins à Glonuster et en mer le Fisch-Hawk (navire de l'État) ont spécialement été organisés, on aurait constaté qu'elle serait en fraye neuf mois de l'année.

Conditions   Toutes les eaux dont la température ne descend pas au-dessous de + 10°, mais n'excédent pas + 26°, sont propices au frai de la Carpe et de la Tanche.

Ce fait physiologique fut constaté à Enghien, en notre présence, par l'honorable M. de Quatrefages, lequel, lorsqu'il fit ses belles expériences sur la vitalité des spermatozoïdes, vit s'arrêter net la fraye de la Perche, la température du 14 au 22 mai étant subitement tombée de + 22° à + 9°.

L'habitat des Cyprins, dit Michelet (page 224, la Mer), dans les Cordelières de l'Himalaya et même la Suisse, ne dépasse guère 11 à1,200 pieds, le lac de Zug excepté. Ce qui s'explique par le phénomène de la fonte des neiges aux mois d'avril et de mai ordinairement qui ramène les eaux à + 8° et 10°) seuls, les Nases et quelques Gardons (Leuciscus rutilus) s'en accomodent.

Altitude   Pour la Truite, l'altitude extrême à laquelle nous l'avons rencontrée s'y multipliant et y prospérant, dans des conditions tout à fait spéciales, il est vrai, dont nous parlerons, grâce à des sources chaudes évidemment, est à l'Hinter-Stokensée immédiatement au pied du grand pic du Stokorn (canton de Berne) 5,600 pieds !

L'empoissonnement de ce lac fait en 1847, concurremment avec un autre appelé Scebergsee, par le lands Venner Karlen, réussit, ainsi que nous l'avons dit, pour le premier, tandis que dans le second, on ne retrouva jamais un seul des jeunes Truitons, que cet ami des choses utiles y avait fait porter ; mais ajoutons comme un fait pouvant expliquer cet insuccès, que ce dernier lac était à une altitude de près de 600 pieds supérieure et avait ses bords à pic.

Nous terminerons cette question en citant le lac de Morat, dont l'altitude d'environ 400 pieds permet la propagation de la Carpe et de tous les Cyprins dans les plus heureuses conditions, privilège que presque seul, avec quelques parties ouest du lac de Constance, il possède parmi les lacs Suisses.

Bien que la Carpe soit par excellence le poisson des climats tempérés, elle fut trouvée par notre ami Victor Considérant, à 6° 1/2 de l'Équateur dans le haut Texas en 1858 et depuis par Agassiz, dans un des affluents de l'Amazone. En 1881, M. Baird, le superintendant de la pisciculture aux Etats-Unis, l'a acclimatée dans un lac de la République de l'Équateur où 30 sujets y furent transportés et arrivèrent vivants

Le calcaire est la formation préférée de tous les Cyprins ; mais les questions de productions de la feuille et de l'engraissement doivent être quand même soigneusement réservées et formulées seulement après des expériences précises et sérieuses.

Caractères zoologiques des Cyprins — La caractéristique des Cyprins au point de vue zoologique est, comme on le sait, l'absence de dents dans la bouche, une seule nageoire dorsale, la langue lisse, l'intérieur de la bouche, le palais revêtu d'une membrane épaisse et molle improprement désignée sous le nom de langue de carpe, fort délicat manger, le pharynx à dents fort larges, l'intestin court, sans cœcum et une vessie natatoire à deux et quelquefois trois lobes. La Carpe est sédentaire, quitte peu ses cantonnements de naissance et de frai. Végétaux, grains, insectes, petits poissons parfois, aimant à fouiller le limon, tels sont ses habitudes et aliments préférés.

On distingue la Carpe jaune (Carpio rex cyprinorum) dite reine des Carpes, qui aurait notre préférence. Celle à cuir ou au miroir (Cyprinus carpio nudus) dépourvue d'écailles sur tout ou partie de son corps, est un hybride que le docteur Horrach nous dit obtenir à volonté avec la Tanche !! La Gibèle ou bossue (Gibelio) sans barbillons, aimant les tourbières et les marais, la caudale formant croissant; le Carassin ou Carpe Polonaise à nageoire caudale carrée, poisson des climats froids et des eaux vaseuses, d'une grande rusticité.

Nous avons précédemment parlé des Carpeaux de l'Ouest et du Centre-Est, nous n'y reviendrons pas; seulement nous ajouterons que nous ne croyons pas qu'ils forment une espèce spéciale.

La Carpe fraie en troupe de mai à juin, par $+ 16°$ à $22°$, elle donne une moyenne de 100,000 œufs, par livre de poids vivant.

Placée verticalement, l'ouïe soulevée au moyen d'une tranche de pomme de terre ou de carotte, la bouche remplie de mie de pain humecté, bien enveloppée dans de la mousse humide, le tout arrosé de temps en temps, la Carpe peut facilement être transportée et se bien porter de 3 à 5 jours.

Dans notre Calendrier, nous disions (pages 64-67) : La Carpe pourrait s'appeler le poisson du soleil, l'ombre lui amène des maladies parasitaires, cryptogamiques, dont il importe de la préserver. Le fer dissous dans l'eau lui serait fort nuisible; elle est sujette à la dartre (polype).

La Tanche (Cyprinus tinca) supporte une plus haute température que la Carpe; elle croît, d'après Niklas, de 3 livres en trois ans là où lui plaisent les fonds qu'elle fouille et qu'elle fatigue plus que la Carpe.

A Enghien, nous avons obtenu 230 grammes en 400 jours, à l'amont du lac.

La Tanche, dite la paresseuse des eaux, aurait un faible pour le roseau odorant au printemps. A part ces quelques détails, mêmes mœurs que la Carpe.

Nous lui avons consacré quelques pages dans notre notice sur les étangs.

Brême

La Brême (Cyprinus brama), très répandue dans toutes les rivières, aime les fonds bourbeux et vaseux à faible courant, elle a des œufs gris verdâtre; les plus gros parmi ceux des Cyprins ; éclosant au bout de 8 à 10 jours par $+ 18°$ et $+ 20°$ sur les roseaux où ils sont particulièrement attachés. C'est un poisson marchand, mais peu recherché. La Bordelière est généralement plus petite.

Loche

Serait-il vrai que la Loche (Cobitis fossilis), ce poisson des vases, si peu recherché, avalerait sans cesse de l'air qu'il rendrait par l'anus, transformé en acide carbonique (Cuvier) ?

Elle est appelée parfois le poisson aux six barbillons; elle en a quatre à la mâchoire supérieure et deux à la mâchoire inférieure.

M. Carbonnier a particulièrement étudié ce poisson.

Perche

La Perche ou perdrix des eaux (Perca fluviatilis) est le seul poisson que nous fournisse la famille des Percoïdes; avec le Sandre, ambigu du Cyprin au Saumon, elle porte des dents sur la langue comme ce dernier.

Poisson vorace, dangereux, délicat et fin manger, mais que l'on doit élever dans des cantonnements spéciaux;

c'est un ennemi des jeunes. Elle est rustique et de facile multiplication, ne redoutant pas le Brochet, ce requin des eaux douces.

Ses œufs suspendus en guipure à 20 ou 25 centimètres au-dessous de la surface de l'eau, à des joncs ou à d'autres végétaux aquatiques, brindilles, radicelles, des arbrisseaux des bords, éclosent par + 16° à + 20°, en 18 ou 25 jours, avril ou mai.

Elle atteint rarement un poids supérieur à 1 kilog. et demi.

C'est un poisson à détruire souvent et à surveiller toujours lors de l'assolement des eaux.

La Goujonnière ou Grémille (Accrrina cernua) devrait être anéantie partout où elle se rencontre dans l'intérêt du pauvre Goujon, qui malgré ses habitudes et ses amours nocturnes ne parvient pas toujours à lui échapper. (Voir page 58 du Calendrier).

Brochet   Le Brochet, ce ravageur terrible dont nous venons de parler (Esox lucius), si fortement armé pour l'attaque, à la bouche aux 700 dents, au pointer rapide, à la rusticité sans pareille, pour son œuf surtout, sera, comme la Perche, l'objet d'une surveillance spéciale dans toutes les eaux où il se trouve. Il faudrait l'élever comme nous l'avons vu faire en Autriche à part et par âge dans les bassins spéciaux où on le nourrirait de blanchaille, car ce grand seigneur ne se repaît que de poissons vivants.

Il habite toutes les eaux de l'Europe, et ne craint ni froid, ni sécheresse, ni chaleur.

Laissons-en le monopole à la Hollande dont les eaux et les milieux semblent faits pour lui.

La proportion des Brochets 7 °/₀ que des pisciculteurs intelligents mettent dans les étangs de la Marne , à la 2ᵉ année d'empoissonnement, pour chasser la Carpe et dévorer la menuaille, ne m'inspire qu'une demi confiance. L'œuf du Brochet, une fois fécondé, est très difficile à détruire même par la mise à sec, et vu la petitesse de son *aiguille* (alevin), il défie tous les modes de barrage connus à ce jour. Après quatre ou cinq jours d'incubation, son embryon est déjà visible, quand en février et mars les premiers rayons du soleil réchauffent l'eau.

Ce serait pour nous le poisson de l'aquarium par excellence. Sa voracité serait la source de hautes distractions pour les oisifs, qui, à peu de frais, désireraient se procurer les émotions du *cirque*, dont pauvres Vérons, inoffensives Tanches, vous feriez les frais !

Le Brochet du Danube ou des lacs Suisses est un excellent manger.

Anguille L'Anguille (Murena vulgaris) habite toutes les eaux de la terre, quelques naturalistes soutiennent même les eaux souterraines. Notre ami M. Gouin, vétérinaire à Velluire, nous a assuré l'avoir vu sortir des sources si nombreuses des strates calcaires, bases des dernières assises de cette formation en bordure sur les alluvions des marais mouillés du Bas-Poitou. Un pareil fait énoncé par un homme si sérieux, habitué aux exactitudes de la science, ne saurait être passé sous silence, car s'il est inédit, comme nous le croyons, que de choses n'expliquerait-il pas ?

L'habitat des grosses Anguilles (le fait ne se produisant que pour les grosses) et leur disparition, cette grande inconnue de la science, ne trouveraient-ils pas là une bien simple explication ?

Ayant dans notre Calendrier du pisciculteur, pages 30-36, 53-58, traité deux fois cette si curieuse et si importante question de l'Anguille, sans parler de nos travaux sur la *montée* en 1853, nous ne nous y arrêterons pas.

Copies, redites, réimpressions, ont été trop souvent blâmées et critiquées par nous dans ces dernières années de littérature piscicole, qui avaient, hélas ! si peu de rapport avec la pisciculture que nous avions connue, que nous prierons nos lecteurs de s'y reporter.

Etangs — L'étang est un lac artificiel ou naturel, d'une étendue dépendant de la configuration du sol sur lequel il existera ou sera créé, ordinairement traversé par un cours d'eau, de là les deux expressions de laisse ou queue de l'étang pour désigner l'amont, et de bonde pour désigner l'aval, formée par la chaussée ou barrage. Moins grande sera la quantité d'eau dont on disposera, plus importante sera la question du sol et du sous-sol ; d'un sous-sol perméable à un sous-sol imperméable, il y a différence du tout au tout.

Création — La création d'un étang, la construction de la poële ou bief, terme adopté pour désigner l'endroit où il doit se vider, est de la plus extrême importance : pavage, bétonage, fond de planches en chêne étanche, il est nécessaire d'apporter une attention soutenue à cette partie spéciale, c'est la clef de toute opération bien conduite.

Le thou ou bonde fermant la poële, aura, bien entendu, le diamètre exigé par la quantité d'eau à laisser écouler ; la poële elle-même sera d'une contenance d'environ dix mètres carrés par hectare d'eau.

La chaussée se construit ordinairement avec les terres provenant du creusement de la poële, elle doit être construite aussi imperméable que possible, dans la proportion de 1 mètre 50 centimètres de base pour 1 mètre de hauteur.

La partie située au-dessus de la ligne d'eau sera plantée en arbustes, gazonnée ou empierrée à gauche et à droite. Le déversoir devra être soigneusement muni de grilles fortement scellées et fermées. La bonde ou thou sera doublée selon la profondeur du bief de l'étang. On ne met deux thous que quand l'eau dépasse trois mètres. Les thous ne se lèvent que pour pêcher l'étang, les pluies devant toujours passer par le déversoir. On peut évaluer de 100 à 500 francs l'hectare la dépense occasionnée par la création d'un étang. Nous avons été témoin, en Suisse, de la création d'un étang de 65 hectares ; le propriétaire n'avait pas dépensé 1,400 fr. pour la chaussée, la poële et le thou.

La valeur d'un étang ne saurait se déterminer à priori : tout dépend de la valeur des fonds, des eaux vives y égoutant, de la composition chimique de l'eau et des sols, etc.

Fond

N'avons-nous pas vingt fois cité le cas des deux étangs de la Moselle (Lindre et Stoker), dans lesquels le coefficient de croissance varie de 20 à 250 grammes par poisson et par an ? Connaissant de pareils faits, il est impossible d'établir des règles fixes.

Une marne, un fond d'humus mélangé de gravier schisteux, de la tourbe par place, sont évidemment les meilleurs fonds.

Nous avons précédemment dit que les étangs se divisaient en étangs d'alevinage et en étangs d'engraissement (carpiers de misère pour les peinards, viviers à forcières, etc., etc.)

La spécialisation étant là forcément à la base de ces industries : la *feuille*, l'*élevage*, l'*hivernage* et l'*engraissement*.

Les étangs à forcières où l'on place des peinards pour la
feuille doivent être peu profonds, bien exposés et enherbés
aux rives pentueuses et garnies, mais d'une surveillance
facile ; les nombreux ennemis faisant toujours bonne garde.

Reproduction
Trois ou quatre femelles de 1 à 1 kilog. 1/2, accompagnées
de 8 ou 9 mâles de 5 à 700 grammes, doivent y être placées
fin février ou aux premiers jours de mars. Dans le grand
établissement d'*Ensiedeln*, on emploie les femelles jusqu'à
l'âge de 6 à 7 ans, de santé robuste, aux couleurs vives,
portant bien *œil et bat*, c'est-à-dire, quand on les met hori-
zontalement sur la main, ne laissant tomber ni la tête ni la
queue, signe certain de faiblesse ou de maladie chez tous les
Cyprins.

Quant à cette question de la prédominance de tel ou tel
sexe, selon que les mâles sont en plus ou moins grande
quantité, c'est encore un de ces racontars de la vieille pisci-
ceptologie et un vieux cliché remis à neuf ces temps derniers,
que nous ne saurions trop engager les pisciculteurs sérieux
à provisoirement laisser de côté.

Accroissement
Le frai de mai donne au mois d'octobre une feuille de 4 à
7 grammes, et cela, quand les conditions de température
sont favorables au moment de l'éclosion qui a lieu à 8,
12 jours de distance, dans d'énormes proportions. A Enghien,
nous eûmes plus de 50 % d'accroissement en poids, pour
cette feuille.

Les pisciculteurs de la Haute-Marne ne se préoccupent
jamais de ce coefficient, tellement ils en ont en abondance.

M. Sauvage, professeur d'agriculture dans ce département,

nous a donné sur cette question du grossissement de la Carpe à ses trois âges, des chiffres que l'on ne saurait trop faire ressortir.

En octobre de l'année suivante, la feuille, âgée de 16 à 18 mois, peut atteindre jusqu'à 20 centimètres et un poids de 40 à 50 grammes.

C'est alors qu'on la dépose dans l'étang d'élevage, dit d'engraissement, d'où elle sera pêchée, 2 ans après, c'est-à-dire à 35 ou 40 mois, avec le poids de 1/2 à 1 kil.; inutile d'ajouter que les mâles sont préférés. Il est difficile de dire sur quoi s'appuie cette préférence, nous nous contenterons de la constater.

Le cube d'eau mis à la disposition de chaque *peinard*, n'est pas indifférent. Sans nous arrêter aux fantastiques chiffres de 9 milliards devant produire 900 millions de francs de poissons qui ont été mis en avant, nous dirons qu'il est prouvé que la Carpette, qui peut vivre dans 25 mètres cubes d'eau, a un poids 12 fois plus fort que celle qui n'a qu'un mètre cube. En d'autres termes, leurs coefficients respectifs peuvent être représentés par les chiffres :: 12 : 1, toutes conditions de nourriture égales d'ailleurs.

L'ensemencement se fait à raison de 400 à 700 Carpettes par hectare, auxquelles on ajoutera, l'année avant la pêche, une quinzaine de kilogrammes de Tanches par hectare, plus une vingtaine de Brochetons (Poignards, en Limousin), de la grosseur du doigt dont les pisciculteurs de la Marne jugent la présence indispensable, fait consacré par la pratique, soit, mais dont nous ne nous défions pas moins. Inutile d'ajouter que l'on pêche le tout ensemble.

Résultats   La pêche à 2 ou 4 ans est subordonnée à l'assolement adopté pour les étangs d'engraissement, la Carpe marchande étant en France de 700 grammes, elle est alors âgée de 3 ou 4 ans, selon la richesse des fonds. Pour ce point on ne peut faire de règles absolues, la pratique seule devant guider. Du reste la proportion, en effet, n'est pas partout la même. Il est admis que 100 Tanches de 400 grammes fatiguent plus le fond que 300 Carpes du même poids ; le Brochet n'est là que pour chasser la Carpe qui, devenant paresseuse, ne profiterait pas assez, multiplierait trop, chargerait trop le fond ; cela ne se comprend pas facilement, toute action demandant une force et toute force un moteur. Il est vrai que le Brochet détruit la menuaille de Carpes et de Tanches, ce qui serait bien, mais ne blesse-t-il pas les Carpes ? Or, une Carpe blessée est une Carpe perdue pour la vente.

Pêche

La pêche de carême dans les étangs permanents en les vidant, selon l'assolement adopté, oblige aux mêmes règles de réempoissonnement ou à peu près. Les meilleurs étangs sont ordinairement ceux sur de bons fonds, traversés par un fort ruisseau ; nous maintenons qu'un bon à sec d'un an et deux ans de bonne eau, en valent trois. C'est surtout l'hiver que l'étang a besoin de la plus grande surveillance ; il faut casser la glace (la scier plutôt), faire des jours avec de la paille ou des brindilles.

Quant à la question de l'époque des pêches, elle est complètement soumise aux habitudes et aux besoins économiques de la contrée.

Le mois d'octobre et le carême sont les deux principales époques, la première devrait avoir la préférence : 1° pour la salubrité ; 2° pour la plus rapide destruction des Aiguilles (Brochets), œufs, Perchettes et Dytiques.

Malgré notre haute estime pour un auteur, nous n'attacherons pas grande importance à certains de ses tableaux de grossissement. Un agriculteur qui nous calculerait les bienfaits d'un assolement, en nous disant : J'aurai tant d'hectolitres à l'hectare, dans ce champ, et tant dans l'autre, ne trouverait-il pas aussi quelques doutes à notre époque de science expérimentale ? Si nous avons le regret de parler ainsi d'un pisciculteur si consciencieux et si sérieux, que dirions-nous des copistes ? Nous pensons que ces suppositions, vraies dans tel cas, se montreraient absolument fausses pour tel autre.

Conditions diverses

L'appétit des poissons croît et décroît avec la température ; au-dessous de zéro 0°, ils ne mangent plus, on comprend donc pourquoi l'été est l'époque de leur grand accroissement. Le docteur Horrach, propriétaire de grands étangs en Bohême, a donné des chiffres qui nous semblent n'avoir jamais été discutés.

D'après lui, du mois d'avril au mois de septembre, la Carpe croît de 7 à 35 % de son poids, les mois de juillet et d'août entrant pour les 3/5 dans ce coefficient.

M. Tisserand, directeur au ministère de l'agriculture, dit qu'en Bohême le produit d'un étang est calculé à 40 kilog. de poisson par hectare. (Rapport sur l'exposition de Vienne, p. 69). Le prince Schwartzemberg, dans les propriétés duquel on a relevé ce fait, n'en possède pas moins de 8,000 hectares. C'est de ce chiffre et de ceux de la Marne que nous sommes partis pour porter de 25 millions à 34 le produit actuel de nos eaux douces, le premier ayant été officiellement annoncé en 1863 par M. de la Roquette. Nos anciens clichés répétaient tous à l'envie ce chiffre de 25 à 30 kilog. par hectare et par an, qu'un pisciculteur peu sérieux décuplait, lui, sans hésiter, *mais aussi sans le prouver*. (Dictionnaire des pêches, page 24).

La mare du docteur Lamy et le rapport de M. Dugué sur certains étangs de la Nièvre nous ont fournis des faits et des chiffres de pisciculture intensive qui sont à retenir, les ayant cités, nous n'y reviendrons que pour dire que le trou de Maintenon, de quelques ares, avait produit en deux ans 340 Carpes de 80 grammes chacune en moyenne, soit 16 fr. 32 en argent, et l'étang de la Nièvre 489 fr. par hectare et par an.

L'engraissement de la Carpe à l'étang étant, en ce moment même, étudié par M. Campion dans ses grands étangs de Belval, nous attendrons la publication des résultats obtenus pour avancer alors des faits certains et sérieux. En résumé, tout ce qui a été publié jusqu'à ce jour sur cet important sujet de pisciculture intensive ne présente, en dehors de ce qui précède, rien de concluant. Les faits manquaient, espérons que nous allons les avoir. Nous avons avancé, un des premiers, que la Carpe et le Huch sont les deux plus grands producteurs de viande connus. Tenons-nous en là pour l'instant.

Anguille Après Commachio et ce que nous avons dit sur l'Anguille, qu'aurions-nous à ajouter ?

Tout ce qui a été écrit sur sa culture spéciale par certains pisciculteurs amateurs, n'a-t-il pas été réduit à néant par M. Gallicher, dans ses protestations avec faits à l'appui relativement à l'abus de distribution de la montée ?

Jourdier a fixé à 50 centimes par tête et par an, le produit de l'Anguille ; Coste a obtenu 1 livre avec trente petites Anguilles (montée), biens nourries dans le bassin du Collège de France. Voilà deux faits précis, contrôlés, sérieux ; tenons-nous-y et passons le reste sous silence.

On disait obtenir un revenu de 1,083 fr. 20 par hectare et par an dans les tourbières du département de l'Aisne ? Nous nous sommes, tout exprès, rendus à ces fameuses tourbières où l'on ne connaissait pas plus d'étangs et d'expériences sur les Anguilles, que le nom de celui qui en avait parlé.

Corrégones — Nous ne nous arrêterons pas non plus à l'éducation des Corrégones, Féras, Lavarets, Marènes dans les viviers spéciaux, excepté aux Settons où l'on persiste à dire et à faire croire que la Féra a réussie, mais où elle n'est visible que pour les privilégiés. Nous les cherchons depuis 25 ans, ces fameuses Féras, sans avoir jamais eu la chance de les rencontrer.

En réalité, rien de vraiment sérieux n'a encore été fait dans cette direction, et pourtant que de millions d'œufs ne nous sont pas passés sous les yeux, tant durant notre séjour à Huningue que sur les bords du lac de Constance !

Le Truiton de 100 grammes à un an, et de 1 kilog. à 3 ans, élevé et nourri dans un bassin où l'eau est renouvelée avec un mètre cube par heure, est possible.

Résultats divers — M. Graham, dans le parc de Bruxelles, obtint même 2 kilog en 4 ans, question de soins, d'espèce mise en stabulation (la Truite de la Reuss par exemple) et d'excessive surveillance dans la nourriture artificielle ou vivante, en Moules d'eau douces surtout (Anodonte des Cygnes, Mulettes des Canards, Anodontes anatina, Moules des peintres, unio pictorum, planorbes, lymnées des étangs et autres Mollusques ou Crustacés).

Le tout pour 100 alevins 1er âge, 15 Truitons de 2 ans et

3 Truites de 3 années par mètre cube d'eau ne saurait être nié, mais cela est à citer comme un fait de pisciculture intensive ; quant à être économique, nous le nions et pourrions prouver que c'est encore là, comme nous l'avons dit tant de fois à Coste, de la Truite à 10 écus le kilog. alors même qu'on réussirait, comme on l'a avancé, à produire 20 kilog. de Truites par mètre cube d'eau.

La garantie des viviers à Salmonides contre le froid, la chaleur au moyen d'arbres à feuilles persistantes, pins surtout (chênes et bouleaux soigneusement écartés), contre la Loutre et autres maraudeurs, par des pieux *pointés* et disposés en quinconce, dans les courants surtout et dans les grands fonds, est à soigneusement observer. Les viviers à Truites du grand établissement d'Howietun rapportent, dit-on, à leur propriétaire, 400 livres sterlings par hectare et par an, soit envion 10,000 fr., chiffre que nous aimerions d'abord à vérifier, bien qu'il n'atteigne pas à la moité de ceux que nous avons lus et qui s'étalent hypothétiquement, supposons-nous, dans de récentes publications piscicoles ; si on déduit prudemment la dépense occasionnée pour la nourriture, les frais d'entretien, la surveillance, l'intérêt du capital et le reste, qui ne sont pas compris, l'entente serait peut-être possible et même facile.

L'Ecrevisse et sa multiplication dans des viviers spéciaux, pouvant se combiner avec la culture du cresson, à côté de l'élevage naturel au ruisseau, doit être l'objet d'une étude spéciale, nous remettrons l'examen de cette question à la conférence suivante qui traite de l'exploitation des lacs et cours d'eau.

QUATRIÈME CONFÉRENCE

LES COURS D'EAU ET LES LACS

Nous allons, dans cette dernière conférence, aborder la grande question de la pisciculture appliquée aux cours d'eaux et aux lacs ; de la pisciculture en liberté et dans les eaux fermées, c'est-à-dire la solution du problème de l'élevage du saumon jusqu'à trois ou quatre ans dans les eaux douces, faits acquis par des expériences nombreuses et précises, et dont la pisciculture industrielle devra tirer un grand parti ; nous verrons comment.

A des altitudes diverses, nous savons que la France possède environ 20,000 hectares de lacs, dont un seul, celui de Grand-Lieu (Loire-Inférieure), compte environ 5,000 hectares.

Jusqu'à ce jour, la routine et la négligence la plus absolue ont présidé à leurs aménagements ; les 5,000 hectares du lac de Grand-Lieu rapportent à son propriétaire 12,500 francs, soit environ 2 fr. 50 par hectare et par an.

Essais — Dans l'Isère, sur le lac Paladru ; en Savoie, à la Girotte ; dans le Puy-de-Dôme, avec le lac Pavin, MM. Gallois et Rico ont fait des tentatives d'empoissonnement couronnées du plus grand succès, la chair des saumons élevés en eau douce devenant d'une extrême délicatesse.

Le Saumon — La nageoire adipeuse, renflement de la peau sans rayon osseux, caractéristique des saumons, située entre la nageoire dorsale et la nageoire caudale, perpendiculairement au-dessus de la nageoire anale, contient un corps gras qui ne serait pas étranger à cette délicatesse.

Les Saumons ont la bouche fortement armée, sont ichthyophages, nageurs rapides, sauteurs courageux ; ils n'habitent que les eaux froides au moment de leurs amours et à des altitudes de 6 et 700 mètres, comme nous l'avons dit, grâce, sans doute, à la forme allongée de leur vessie natatoire, ce qui n'empêche pas leur acclimatation dans les eaux plus chaudes et moins pures des vallées, comme l'ont prouvé les expériences de Saint-Cucufa (Bois de Boulogne), etc., dont nous parlerons. Poisson anadrôme par excellence, il remonte les fleuves à l'époque des amours avec une vitesse que les pêcheurs du Rhin regardent comme égalant celle des express ; *ses bancs*, de la mer à Bâle, ne mettant pas plus de trente-six à quarante heures.

Les Saumons peuvent franchir, comme à Leixlif (Irlande), des chutes de 4 à 5 mètres, les plus forts et les plus vigoureux, bien entendu. Aux petites chutes de Laufenburg, sur le Rhin, chutes d'environ 1 à 2 mètres, nous les voyions passer en flèche, alors qu'à celle de Schaffouse, s'arqueboutant sur la queue, ils se détendaient et s'élevaient jusqu'à 5 et 6 mètres, recommençant jusqu'à ce que, épuisés, ils regagnaient leur fosse, où nous les faisions prendre par douzaines.

Ces mœurs sont nées, dit-on, du besoin de la reproduction et de la nécessité, pour le Saumon et la Truite de mer, qui, elle, alors, ne quitte guère l'eau saumâtre, de se débarrasser d'un crustacé qui s'implante sur leurs écailles durant leur séjour dans la grande eau. Il est d'ailleurs prouvé que le

Saumon, en mer, quitte rarement le flot de marée, avec lequel il monte et descend, chassant les crabes, son mêts favori, et les jeunes muges, barbes, nonnats, célérins ; de ces mœurs à la question des barrages à échelles dont on a tant parlé en ces derniers temps, il n'y a qu'un pas.

Echelles à poissons   Cette idée, qu'un riche et intelligent industriel de l'Ecosse, M. Schmit, de Deanston (comté de Perth), mit en pratique aux barrages de ses usines, sur le Thiet, en 1834, ne fut importée en France qu'en 1865, où furent construits, sous la direction des agents des ponts et chaussées, les premiers plans inclinés, pour faciliter la remonte des poissons voyageurs sur la Vienne, la Dordogne, le Lot. Ils y furent connus sous le nom d'échelles à poissons.

Furent-ils réussis, ont-ils donné ce que l'on était en droit d'en attendre ? Nous avons si souvent traité cette question dans la presse piscicole, que nous n'y insisterons pas. Le temps et l'expérience seront les meilleurs remèdes.

En Angleterre, ils sont obligatoires, ainsi que dans certains états de l'Amérique du Nord. Et s'y construisent dans des conditions telles que nous ne saurions trop recommander l'étude de leurs devis à nos ingénieurs. Le $1/8^e$ de la base du plan est l'inclinaison à préférer ; mais on ne doit pas aller au delà de $1/5^e$. De l'emplacement de l'échelle dans l'axe du courant dépend surtout la réussite ; c'est une précaution dont on n'a pas toujours tenu compte chez nous, pour le grand barrage de Châtellerault, notamment.

Un seul fait démontrera leur utilité. En 1779, la pêcherie de la Soule, à Pont-Gibaut (Puy-de-Dôme), payait une redevance de 1,200 Saumons ; avant la loi de 1865, qui a prescrit l'établissement de ces échelles, là où les barrages seraient reconnus d'utilité publique (Vienne, Creuse, Allier, Moselle, Semoz, Blavet, Lot), il ne s'y en prenait plus que 40!

N'ayant pas obtenu de succès avec le premier mode d'établissement si simple, qui a si bien réussi en Angleterre, on étudierait en ce moment un nouveau système d'échelles, entre le seuil et la barre d'appui sur laquelle reposeraient des aiguilles plus courtes que les autres.

C'est un luxe d'invention dont nous ferions volontiers cadeau, nous en tenant à ce que nous avons vu. Copions-le bien ; réussissons d'abord, et nous verrons au mieux après : là serait pour nous l'urgence.

Fraye La Saint-Charles (4 novembre) était le commencement de nos pêches sur le Rhin pour le Saumon remontant aux frayères Suisses. Pour les Truites, nous avons cité des faits de pêche de fin septembre à février ; c'est une question de température et d'altitude. Passé la mi-décembre, il ne faut plus s'y fier ; on peut encore prendre quelques femelles, mais les mâles deviennent alors fort rares, bien que chez les Truites ils soient dans la proportion de deux à trois pour une femelle ; ce qui est l'inverse chez les Saumons, et cependant ils sont de la même famille.

C'est là un fait que nous n'avons pu nous expliquer jusqu'à ce jour, malgré les hypothèses des partisans de la fécondation à sec, faisant des sexes sur commande, ce à quoi nous ne croyons pas davantage.

La fosse des Saumons, recouverte par eux de gravier avec leur tête et leur queue, quand le père et la mère ont déposé l'œuvée, est un des plus curieux spectacles qu'il nous ait été donné de voir, une heure avant le lever ou le coucher du soleil. Large d'un pied et demi à deux pieds, longue de 2 à 3, quelquefois 4 mètres, selon la quantité d'œufs à recouvrir, telle est la frayère naturelle, toujours située sur les graviers, non fraîchement roulés, désignés sous le nom, au Rhin, de cailloux moussus.

Les auteurs qui ont annoncé que les 9/10e de la ponte étaient ordinairement perdus n'ont jamais vu avec quelle précaution le père et la mère les recouvrent de 3 et parfois 5 centimètres de graviers, et surtout comme le mâle fait bonne garde, tête à tête et ventre à ventre, pendant la ponte de sa femelle.

Les grosses Lottes sont leurs plus implacables ennemis, il est vrai, mais ce qui est couvert est sauvé.

Sur la fosse naturelle, soixante-dix à quatre-vingts jours après la ponte, pour les Truites, nous vimes souvent, avec Glaser le père, dans la Wiesen surtout, des jeunes qui y fourmillaient littéralement sous les cailloux.

Tels sont les faits de notre pratique qui nous font nier sans hésitation tous ces coefficients alignés si légèrement.

Espèces de Salmones

Les principales espèces de la famille des Saumons qui habitent les lacs sont : 1° le Salvelin (Salmo salvelinus), le plus petit de tous, qui n'est autre que la Truite charr des Anglais.

Nous l'avons trouvée en grande quantité dans la Haute-Bavière (Oberland bavarois) ; point migrateur, il ne se trouve pas en France. Un agent des ponts et chaussées, nommé Hummel, avait le premier importé cette truite à Huningue.

Dans notre Calendrier du pisciculteur, nous en avons parlé (p. 23). *Journal de l'Agriculture*, t. IV, 1867.

2° La Truite commune (Salmo fario) se trouve dans tous les

ruisseaux de l'Europe moyenne, coulant sur graviers, dont la température ne s'élève pas au-dessus de $+ 16°$; ses teintes du bleu à l'or vif passant par le vert nuancé ne dépendent pour nous que des milieux dans lesquels elle vit.

Un fait qui n'est pas à discuter, c'est la tendance au blanc-bleu qui se manifeste dans les produits de la fécondation artificielle, fait d'albinisme qui ne se produirait pas seulement dans le monde des eaux. La Truite ne se nourrit que de vivants : Infusoires, Insectes, Diptères, Mouches de mai, Névroptères, Hémiptères, Crustacés, Mollusques, Annélides (Lombrics) et de petits poissons ; elle ne mange que le matin et le soir, au lever et au coucher du soleil. Son œuf, d'un beau jaune clair, peut, comme chez tous les Salmonides, supporter une pression de 3 à 4 kilog. sans être écrasé ; il éclot après soixante-dix à quatre-vingts jours d'incubation, mais l'alevin n'est libre de sa vésicule que vingt ou trente jours plus tard. Ce poisson a des cantonnements préférés dont il ne s'écarte guère, si ce n'est pour déposer son frai ; et il revient, comme toutes les espèces de cette utile famille, aux lieux qui l'ont vu naître.

Quelle invite à notre intelligence et à notre prévoyance ! Toussenel n'avait-il pas raison de les appeler : les poissons de la future harmonie ! c'est-à-dire le monde heureux enfin, dans le travail et la paix !!

3° Puis vient la Truite dite saumonée (Salmo trutta), autre expression aussi fausse que surannée. Nous pourrions prouver que la Truite saumonée se trouve dans des lacs où nulle remonte et nulle hybridation ne fut et n'est possible.

La teinte des muscles est selon nous uniquement due à la

composition des eaux. Pourquoi le Carpeau de la Saône se saumonne-t-il, par exemple, à sa 4e et 5e année?

4° La Truite argentée, Forelle (Fario argenteus) habite tous les lacs de la Suisse et ceux de l'Ecosse ; elle est plus rare en Irlande. Notons celle de Lochleven. Quant à celle de Dieppe (Trutta cœcifer), elle n'est autre pour nous que la truite de mer. On parle bien d'une Truite à grandes taches en Algérie (Trutta macrostigma), mais elle nous est inconnue.

Omble

Le 5 novembre 1868, nous avons publié (n° 56, tome IV du *Journal de l'Agriculture*), sur les Ombles ou Thymalus vexilifer, une notice à laquelle nous prierons de se reporter.

5° L'ombre chevalier (Salmo humbla) ne se tient qu'en montagnes. Son ensemencement dans quelques-unes de nos régions est un des faits qui restera à l'Huningue français. Il est fort difficile à prendre, hors le temps de ses amours ; c'est un poisson fort délicat que les Anglais cultivent en masse en ce moment même.

6° Le Corégone Féra, poisson de fond dont on a beaucoup parlé, mais que bien peu de pisciculteurs connaissent. Sa fécondation artificielle est des plus faciles, mais l'incubation est des plus minutieuses. Elle se fait sur la mousse humectée ou sur des fonds sablo-argileux. Son alevin est du reste comme celui du Brochet, presque toujours imperceptible. On l'aurait, dit-on, acclimaté aux « Settons ».

7° Le Lavaret est un bien proche parent, si ce n'est le même poisson, ainsi que la Palée ; l'un est le Corrégone de Wartman, et l'autre le Palœa ; la Bondelle du lac de Neufchâtel, le Grandfisch du lac de Constance, que, du reste, l'on trouve un peu dans tous les lacs suisses et italiens, ont les mêmes mœurs et nous offrent les mêmes conditions de développement. Bien qu'il ait été beaucoup écrit sur ces Corrégones, le dernier mot est, selon nous, bien loin d'être dit. Nous ajouterons encore le Corrégone Marène, indigène, dit-on, dans le lac de Genève, ainsi que la Gravenche acclimatée dans les lacs du Brandebourg, et le Corrégone Houting, propre au nord de la France et de l'Europe.

L'établissement de Sandwich sous la direction de M. Wilmot livre annuellement 50 millions d'alevins de Corrégones. Son budget est de 125,000 fr. supporté avec ceux de 5 autres par l'administration du Canada. Celui du Miramichi est spécial aux Saumons, tandis que le premier n'est que pour le White-fish, une Fera sans doute n'ayant certainement rien de commun avec nos présents travaux.

Attendons donc les résultats des Américains, mieux placés que nous, pour étudier et exploiter ce poisson.

En sait-on beaucoup plus qu'il y a 25 ans, quand, aussi nous, nous eûmes l'honneur de nous en occuper pour la première fois ?

Il se féconde, s'incube, se transporte soit œuf, soit alevins, mais après ??

A ces Corrégones connus, nous poserons comme point d'interrogation : Qu'est-ce que l'Agonni des lacs italiens, de celui de Locarno surtout dont les mœurs et l'habitat ont une si grande analogie avec les Corrégones des lacs du nord des Alpes ?

On l'a appelé Clupée, Sardine d'eau douce, Alose même, mais tout cela ne repose sur rien de sérieux.

L'Amérique en aurait un nombre de variétés double et triple des nôtres, surtout dans le genre Corrégone albus, appelé dans le pays Sick, dont nous venons de parler.

Hivernage

Nous avons dit que le maximum de densité de l'eau était à + 4° 17, c'est donc au-dessus et au-dessous de ce point de cette zone que se superposent les couches d'eau de la surface à une profondeur de 100 à 110 mètres, point extrême où la température de l'eau serait constante, mais avec d'énormes pressions. C'est à ce constant courant vertical qu'on doit attribuer l'aération et nul doute que ce ne soit à cette profondeur de 100 à 110 mètres, où l'eau est à son maximum de densité et dans cette zone, que les poissons hivernent.

Tel est le secret de l'existence des Truites excellentes et saumonées toujours, dont nous avons parlé au Stokensee à l'altitude de 5,600 pieds, bien que l'hiver y soit de plus de six mois, avec une épaisseur de glace parfois de 4 pieds suisses.

Les seuls poissons munis de vessies natatoires, Salmonides, Percoïdes, Esoces et Cyprins peuvent vivre à ces hautes altitudes ou gagner de telles profondeurs d'eau, cette vessie leur permettant de modifier la densité de leur corps.

La pisciculture industrielle sera, en effet, le dernier mot de la culture des lacs, où jusqu'à présent, à l'exception de deux ou trois dont nous avons parlé, tout a été abandonné au hasard. Faire artificiellement de l'alimentation naturelle, maintenir l'équilibre entre les dévorants et les dévorés, tel est le secret de la réussite sur les grands lacs où la question de la nourriture artificielle doit être mise hors de cause. Possible dans les viviers, elle ne peut être mise en pratique sur de tels espaces.

Le remplacement des Cyprins par les Salmones, là où la nature des eaux le permettrait, voilà le but à poursuivre et cela avec d'autant plus de raison que le kilog. des seconds, qui se paie le double ou le triple des premiers, se produit avec autant de facilité et de rapidité si les milieux sont intelligemment aménagés en mollusques, poissons blancs, crustacés, alevins, sans oublier la pureté des eaux et la nourriture artificielle dans celles où la superficie est relativement restreinte. Telle est la question économique qui se trouve toute entière régie par les circonstances au milieu desquelles on serait appelé à opérer et dont les règles ne sauraient être énumérées ici. Surveillance, pêches intelligentes et repeuplements rationnels, voilà nos derniers mots sur cette question des lacs et étangs, pour ces derniers surtout.

Nos cours d'eau sont peuplés de poissons à mœurs spéciales et à instinct bien connus selon les différents bassins de notre territoire, et tout de suite ils peuvent être classés en deux grandes catégories :

1° Les poissons sédentaires ;

2° Les poissons migrateurs.

Parmi les seconds, la tête de file est évidemment représentée par le Saumon, cet habitant du globe tout entier, comme on peut le dire aujourd'hui, puisque l'Australie le possède depuis quelques années.

En mer, sa nourriture préférée est le fretin de Muge, sur les côtes où il suit le flot, et, en haute mer, le frai du Hareng, bien que rarement on l'y puisse prendre, son habitat de prédilection étant les grands fonds par 50 ou 55 brasses, soit de 100 à 110 mètres.

Sa croissance en mer a été ainsi fixée à la suite d'expérience faites à Ballysadare par M. Cooper en 1858. Nous garantissons l'exactitude de ce qui suit :

Les Smolt, provenant des fécondations de 1855 et 1856, repêchés en 1857, comme Grilses, pesaient entre 5 et 6 livres anglaises (la livre anglaise n'est que de 453 grammes), soit donc 5 livres de matières alimentaires en 30 mois, ou comme « Parr » et plus tard Saumon, 10 livres en 4 ans.

Voilà un fait précis que nous n'hésitons pas à recommander à tous ceux qui sérieusement s'occuperont de pisciculture.

Il serait intéressant que quelques-uns de nos laboratoires marins et surtout que nos lieux de frayères naturelles (bassin de la Loire spécialement) fissent une semblable expérience.

Le Salmo hucho, que nous avons élevé à Huningue (vu vivant par le tout Paris piscicole, aujourd'hui dans les collections du Collège de France), avait donné 2,200 grammes en 30 mois, élevé dans l'eau douce qu'il n'avait jamais quittée.

L'expérience de Saint-Cucufa prouve que, non-seulement le Saumon commun a une éducation possible, dans les eaux fermées, ce que nous savons déjà pour le Saumon Huch, mais même qu'il s'y reproduit ; seulement la preuve n'en fut faite que jusqu'à sa quatrième année, dans la seule province de Halland où se trouve à Gothembourg, sous la haute impulsion de M. Oskar Dickson, notre honoré compagnon de visite à Howietun, la plus importante Société de pisciculture que nous connaissions. 24 stations piscicoles ont laissé en rivière en 1880 plus de 5 millions d'alevins pour cette seule province.

Dans les lacs de la Suède, où cela se pratique aujourd'hui sur une grande échelle, le succès est complet. Du reste, le doute n'était pas possible à Coste, sur ces différents points ;

l'expérience de Saint-Cucufa ayant été faite en 1858 alors que l'empoissonnement du Bois de Boulogne l'avait précédé de plus de deux ans.

Nous rappelons qu'ayant procédé avec Glaser le père à cette première expérience d'empoissonnement artificiel, nous avons déposé, en mai 1854, 40,000 alevins de Truites de la Reuss et de Saumons incubés à Huningue et au Collège de France, dans le lac supérieur du Bois de Boulogne. Repêchés pour l'exposition de 1856, leur croît moyen varia entre 200 et 240 grammes ; chaque coup de filet ramenait plusieurs centaines de ces Truitons et Tacons (jeunes saumons) dont quelques-uns (cinq ou six douzaines) figurèrent à l'exposition des Champs-Elysées. C'étaient les premiers Truitons et Tacons, produits de la pisciculture artificielle, vus vivants à Paris.

D'où pour nous cette conclusion que, si la culture du Saumon est possible, elle est cependant plus économique dans ses milieux naturels qu'en eau fermée. Nous ne nous arrêterons pas au chiffre de 390 grammes donné par Coste pour vingt-huit mois ; ce coefficient étant le produit d'une expérience d'alimentation artificielle dans les bassins du Collège de France, ne saurait être cité comme chiffre économique et comparé naturellement à celui obtenu au Bois de Boulogne, et cela d'autant moins qu'il ne nous est nullement prouvé que le garçon de laboratoire Samuel n'ait pas pris dans ladite expérience une Truite de la Reuss pour un alevin de Schaffouse. C'est un détail, tenons-nous en quand même au fait que nous ne relevons que pour montrer l'erreur évidente, relative au Huch de 600 grammes à vingt-huit mois, alors que le Huch mort dans le bassin de l'exposition et pesé aussitôt par Coste lui-même devant un public nombreux donna 2,200 grammes en trente mois. La vérification est facile encore aujourd'hui, puisque, il n'y a pas un mois, nous le vîmes encore dans son bocal.

Salmo Quinnat Salmo Fontinalis — L'introduction en Europe, par l'établissement allemand d'Huningue, du Saumon Quinnat et du Fontinalis, est un fait récent appelé, croyons-nous, au plus grand avenir. Nous avons constaté à Huningue même, la première année de son introduction, la marche heureuse de son incubation, et de sa première éducation, fait auquel nous avons publiquement rendu justice. Nous ne le regrettons pas, puisque depuis décembre 1879, l'acclimatation de ce Salmone dans les eaux de l'Europe a marché de succès en succès.

La Truite de la mer, connue au carreau de Paris, sous le nom de Truite de Dieppe, est un des plus dangereux ennemis des Tacons (jeunes Saumons), à leur entrée en mer. C'est un poisson auquel nous ne ferions nul quartier, si l'on entreprend sérieusement l'empoissonnement de nos fleuves par les têtes de bassins.

La grande famille des Clupées, Aloses, Eperlans, etc., n'ayant rien à faire avec la pisciculture artificielle en France, croyons-nous, nous n'en parlerons que pour qu'il leur soit appliqué les mesures de protection et conservation générales, que nous réclamons pour tous les Anadromes et Catadromes, et au premier rang desquelles nous plaçons les règlements de pêche et de plans inclinés, en y ajoutant, pour l'Eperlan spécialement, la dimension de la maille des filets.

Alosa tyrannus — Les Américains ont fait un véritable tour de force avec l'Alosa tyrannus. Dans une seule année, avec des millions d'œufs transportés à la Côte du Pacifique, ils ont de même réempoissonné le Mérimac, que des circonstances particulières, durant la guerre de sécession (barrages ou autres causes), avaient complètement dépeuplé.

C'est à M. le docteur Hennoc qu'on doit cette seconde opération et à M. Seth Green la première.

Nous ne nous occuperons des Lamproies et des Esturgeons que pour les mentionner.

Lamproies et Esturgeons Pour le Midi, les premières auraient une certaine importance et y sont assez populaires, mais au point de vue de la pisciculture artificielle, ce qui pour nous n'est pas du tout synonyme de pisciculture appliquée, nous ne voyons pas quelle action nous aurions sur l'Esturgeon. Il est peu connu dans ses origines et peu nombreux relativement, malgré les millions d'œufs pondus par chaque femelle sur les sables des eaux douces de nos fleuves.

Eaux courantes Ces eaux sont pour les 9/10 l'habitat du groupe des Cyprins, dans lequel nous connaissons déjà la Carpe, la Tanche, la Brême et la Loche d'étangs à laquelle nous ajouterons la Dormille ou la Loche de rivière ou épineuse (Cobitis toenia) qui a les mêmes mœurs que celle dont nous avons parlé. C'est avec l'Anguille le poisson le plus sensible aux influences électriques.

Le Barbeau (Barbus fluviatilis), poisson très commun dans la Seine. Ses œufs enlèveraient, dit-on, l'usage de la parole, ce qui ne se concilierait guère avec le faible que les parisiens auraient pour lui. Cuit dans le vin et mangé frais, il est assez délicat, malgré ses nombreuses arrêtes. Il est difficile à élever en captivité.

Blanchaille Le Chevenne ou Meunier blanc (Cyprinus leusciscus) était, avec la Brême, consacré à Diane la chaste, sans doute parce que, comme le Goujon, ils ne font l'amour que durant la nuit. La Chevenne est le plus grand des poissons de menuaille ou blanchaille ; mêmes mœurs que les autres, tous goulus insatiables, vrais nettoyeurs de nos eaux, manger médiocre ; frai en juin et par bandes en courants rapides, mais peu profonds.

La Vendoise commune, ou Meunier argenté (Leusciscus vulgaris, ou Squalius leusciscus), et le Gardon blanc ou Meunier rose (Leusciscus rutilus) ont avec la Chevenne la plus grande communauté de mœurs et d'habitudes.

Nous mettrons donc ensemble ces trois roussailles, auxquels nous ajouterons le Gardon rouge ou Rotengle, un peu meilleur de qualité et sur lequel quelques expériences d'hybridation avec la Carpe ont été tentées par les Allemands, expériences que nous ne pouvons nous expliquer que par amour de l'art pour l'art ; car en fait d'utilité, nous ne comprenons pas cette opération.

Ce qui nous rappelle avec quelle joie notre ami M. Fraas, directeur de l'école vétérinaire de Munich, nous montrait ses metisages d'Ombres et de Truites en 1855. Que sont en effet devenus tous ses frétillants alevins ?

La mort de ce noble pionnier de la pisciculture dont il fut un des premiers apôtres me prive depuis de longues années d'une réponse promise et que ses successeurs dans cette Allemagne si fière de son *Huningue* ne nous donneront vraisemblablement jamais.

Les Goujons (Gobius fluviatilis), l'Ablette (Alburnus lucidus), l'Ablette spirling (Alburnus bipunctatus) et le Véron (Phoxinus lœvis) ne seront que mentionnés.

Le Nase (Chondostroma nasus) dont certain pisciculteur

fantaisiste voulut faire un anadrome, pour certaines régions du Sud, terminera cette série de poissons, victimes à surveiller pour l'assolement des eaux, base pour nous de tout succès. M. Carbonnier a publié sur ce Cyprin une étude que nous ne saurions trop recommander ; ôtant pour longtemps, espérons-le, cette manie de dénominations nouvelles aux amateurs de pisciculture bruyante et aussi tapageuse que le pauvre et innocent Cyprin, qu'il s'agissait d'illustrer en ricochet ; poisson à détruire, plutôt qu'à protéger, très prolifique et envahissant.

Le Silure ou Lotte du Danube et le Chabot (Cottus gobio) seront les deux derniers poissons que nous nommerons. (Voir notre Calendrier, pages 48, 74, 75).

Nous terminerons par l'Epinoche (gastérostéïdes) dont la nidification et les mœurs, si curieuses, furent de la part de Coste le sujet d'une de ses plus belles pages. Il n'aura pour nous d'autre objectif que la destruction. Il n'est bon à rien qu'à causer beaucoup de mal au temps du frai, aux Cyprins surtout. Vif, alerte, remuant, vorace, courageux, ce petit être est un des fléaux des eaux dans lesquelles il se multiplie si facilement. Nous savons depuis que le Pomotis Aureus (Perche du Canada) niche comme les Epinoches.

Ecrevisse · Nous arrivons à l'Ecrevisse, classes des Crustacés (Astacus fluviatilis). Dans ces trois dernières années, nous lui avons consacré de nombreuses pages dans la presse piscicole, sans parler des 15 premières de notre Calendrier. Son importance immense, le danger qui menace l'espèce, la place qu'elle devrait occuper dans l'assolement de nos ruisseaux et de certains de nos étangs, nous font un devoir d'en reparler.

C'est au docteur Hartz, de Munich, qu'on doit la découverte de l'Entozoaire (Distoma cirrhigerum) qui occasionnerait le mal présent. Se développant dans les muscles, il occasionnerait la mort de l'Ecrevisse bien qu'on le rencontre aussi chez certains poissons (Carpe, Tanche, Anguille), qui le supportent impunément.

Ce terrible parasite alterne des uns aux autres, des Cyprins aux Crustacées, de même façon que le Cœnure cérébral qui va du mouton au chien et *vice versa*, le Tœnia solum qui se communique du porc à l'homme, etc. Le danger, sans cesse plus grand, a maintenant gagné l'Allemagne. En secondant la vigilance de l'administration on conjurera, peut-être, la disparition de l'espèce ; mais il n'était que temps de se mettre à l'œuvre et énergiquement. Dans un récent voyage à la Meuse nous avons appris que le mal était en décroissance dans certains des affluents, que le repeuplement s'y faisait, grâce aux énergiques mesures de nos préfets.

Avec Coste et Delidon, dont l'étude des Crustacées est, avec celui de M. le docteur Huxley, qui leur a conservé une monographie de plus de 300 pages, le travail le plus connu, nous recommanderons la notice de M. Carbonnier : les observations pratiques et consciencieuses de ce pisciculteur ne sauraient être trop méditées.

Croissance — Nous lui empruntons ces tableaux de grossissement :

	Longueur.	Poids.
A la naissance	0^m.008	
A un an	0 035	0^k.0015
A deux ans	0 075	0 0035
A trois ans	0 095	0 0065

A quatre ans	0	120	0 0170
A cinq ans	0	135	0 0180
Au dessus de six à neuf ans			0 0300
A quinze et dix-huit ans			0 1250

On nous a montré venant d'un affluent de l'Aar en Suisse une Ecrevisse de 225 grammes, longue de 22 centimètres. Quel était son âge ?

En Styrie, contrée non encore contaminée, on voit communément des écrevisses dont 4, 5, 6 au plus font un demi-kilog. Pour celles du Caucasse, d'après notre défunt ami Jourdier, ce dernier chiffre serait encore à doubler au moins, mais ne serait-ce pas l'astacus leptodactylus?

Durant ses mues, elle a pour ennemis tous les habitants de la terre et de l'onde, l'Anguille surtout, fouillant ses trous ; mais une fois la cuirasse fortifiée, elle le leur rend avec usure. C'est le rôdeur de nuit par excellence, et le nettoyeur modèle des eaux ; tout y passe.

Sans calcaire dans les eaux et le sol, il serait inutile de tenter son éducation. Les mâles, dans la proportion de quatre pour une femelle, se livrent entre eux d'acharnés combats.

L'Ecrevisse, pour être marchande, ne doit pas avoir moins de 8 centimètres. (Décret du 10 avril 1875, article 8).

La rouille, le blanc, le rouge ne sont que des maladies cryptogamiques encore peu étudiées.

La consommation de Paris en Ecrevisses va sans cesse en augmentant (comme celle de l'huître, depuis surtout que les brasseries se sont mises à en débiter). Elle a passé de 4,000 kilog., soit environ 150,000 pièces, en 1836, au prix moyen de 4 fr. le kilog., à 6 millions de pièces donnant lieu à un commerce de 5 à 7 centimes la pièce, ou environ un demi-million de francs (1880), pour Paris seulement. L'Allemagne a en ce moment le monopole de ce marché. L'huître est à 5 millions à Arcachon seulement.

Elevage mixte — L'élevage de l'Ecrevisse, conjointement à celui de la Truite, peut avoir lieu dans des cressonières de 60 centimètres d'eau vive et calcaire dont les rigoles ont de 0. 80 à 1 mètre de largeur. L'élevage de la variété à pieds rouges surtout (Astacus nobilis) dans des rigoles où de distance en distance, on placerait des tuyaux de drainage de 10 à 15 centimètres au plus et fermés à une de leurs extrémités, ou bien encore avec de grosses pierres à géodes, nous paraîtrait une lucrative opération. La grande leçon de la Ferté. Alors non oubliée !

L'eau devra, avant toute préparation, être essayée au moyen de paniers en osier dans lesquels on placerait l'espèce (une ou deux douzaines), que l'on voudrait cultiver ; il n'existe pas d'être plus délicat et plus capricieux que l'Ecrevisse sur les milieux dans lesquels elle doit vivre. Quitter le ruisseau et s'en aller mourir sur le pré, c'est ce qu'elle ne manquera pas de faire si son *gagnage* ne lui convient pas.

L'Astacus torrentium, ou à pieds blancs, dite Ecrevisse des pierres, est peut-être plus rustique, mais est moins prolifique et moins délicate.

Le croisement de ce Crustacé est une opération des plus simples de la pisciculture, et des moins incertaines dans les cantonnements qui lui conviennent.

Les hauts prix d'aujourd'hui feraient de leur éducation une des opérations les plus lucratives, mais où prendre des reproducteurs en France ?

En tout cas, ils devraient venir des têtes de bassins de l'Ouest et du Centre non encore contaminés par le Distoma. L'expérience de la Ferté a démontré que les viviers à Ecrevisses étaient impossibles dans des tourbes, l'eau contiendrait-elle tous les éléments calcaires dont elle ne peut se passer.

Avec l'aménagement des cours d'eau, nous trouvons deux grandes catégories : d'abord les poissons, Carpe, Tanche, Barbeau, Chevenne, Goujon, Lotte, Perche, Anguille ; puis ceux devant les alimenter, Vendoise, Rosse, Rotengle, Ablette, Gardon, Véron, Chabot, bref toute la roussaille des eaux.

La multiplication des premiers doit donc avoir forcément pour conséquence celle des seconds. Nous étant expliqué sur ce point à prévoir tout d'abord et qui constituera la garantie de tout succès, nous n'y reviendrons pas.

Nous avons attribué au déboisement l'appauvrissement de nos eaux. Il y a là une question de sens commun qu'il n'est pas permis d'enfreindre plus longtemps.

Le déboisement, en doublant la force des courants, a bouleversé les fonds, dénudé les rives, plus de végétation, plus de *mortes-eaux*, plus de frayères, plus de poissons ; tout là s'enchaîne si logiquement ! Qu'il vienne un été comme celui de 1881, voilà les deux tiers des ruisseaux à sec, le maraudeur broche sur le tout et voilà comme quoi, pour de longues années, des bassins entiers sont dépeuplés. Notre ami, M. Gobin, nous a signalé le fait pour les départements de l'Ain et du Jura ; or, combien ne sont pas dans le même cas où les observateurs ont manqué !

L'onde produite par le passage d'un bateau à vapeur

(à hélice moins qu'à roues) sur des rives ou des *noues* non faucardées et aux herbes desquelles le frai est collé, est une des causes de dépeuplement à laquelle on pourrait obvier dans une certaine mesure par des cantonnements de réserve bien appropriés. Les fleuves ou ruisseaux où l'industrie s'est établie sont devenus des estuaires où tout ce qui embarrasse ou nuit, peut être jeté. Nous ne citerons que le seul fait de la Seine, au-dessous du collecteur d'Asnières que presque tous les poissons ont abandonné jusqu'à l'Eure, parce qu'ils n'y trouvent plus l'oxygène nécessaire. La prise d'un Saumon dans la traversée de Paris est aujourd'hui un événement.

En Angleterre, le Parlement, sous l'impulsion du regretté Buckland, rendit un bill de défense et d'expropriation qui, dans les contrées les plus manufacturières, fit passer l'intérêt général avant celui des usiniers.

Il n'y aurait donc là qu'à vouloir et de même pour la surveillance et la protection des intérêts qui s'y engageraient.

Une loi en 3 ou 4 articles donnant à l'Etat, aux communes et aux syndicats qui exploiteraient nos bassins, des droits clairs, précis, énergiques aurait vite mis la lumière et l'ordre là où il n'y a que la nuit et l'anarchie.

Les pauvres bêtes sont sensées être protégées de tous et ne le sont en réalité par personne.

Espérons que les vents nouveaux qui ont soufflé et transformé les hautes régions verrons la fin de ces errements si préjudiciables aux intérêts de la nation, sans parler même de notre amour-propre de Français vis-à-vis des efforts et des succès de l'étranger.

glemen-
tation

Nous n'insisterons pas sur la question de détails, barrages à échelles, réserves, taille des poissons, prohibition, heures de pêche, mailles, droit de verbaliser aux propriétaires dont il importerait de bien définir les droits, et surtout la plus grande sévérité sur le carreau de Paris, nous rappelant l'adage : « Plus de receleurs, plus de voleurs. »

Sans ces précautions, toute question d'aménagement de nos eaux courantes, serait du temps perdu ; pis que cela ! aggravation d'immoralité, car on ne travaillerait que pour le braconnier.

Ayant travaillé six de nos plus belles années pour le roi de Prusse, hélas ! nous aimerions bien à ne pas conférencier pour ces messieurs de la *Maraude !*

Telles sont les premières et élémentaires mesures à prendre pour essayer le repeuplement de nos eaux courantes, canaux et rivières navigables et autres, bref, tout ce qui ne serait pas eaux fermées et du domaine privé ; et encore, sans ces lois, cette réorganisation puissante dans la main de l'Etat, ne voudrions nous pas garantir que, même dans ces derniers, la réussite certaine en dehors des frais et précautions qui pourraient lasser les meilleures énergies.

En pisciculture, comme partout, la rareté fait la cherté et réciproquement, alors se produit le cercle vicieux si connu en économie sociale au bout duquel se trouvera forcément le vide. Le repeuplement, comme c'est le cas pour l'Ecrevisse, ne se fait-il pas, chaque jour, plus difficilement ?

roduit des
ours d'eau

D'après M. Gobin, en 1871, 11,700 kilom. mis en ferme avec 1,700 kilom. de réserve donnaient 70 francs par kilomètre.

En 1876, 1,250 kilom. mis en ferme avec 900 kilom. de réserve donnaient 68 francs 64 par kilomètre.

En 1850, la Seine   rapportait par kilomètre 24 francs.

  —   le Lot   —   —   16 —

  —   le Rhône   —   —   7 —

  —   la Durance   —   —   2 —

Le frère Ogérien indiquait environ vers le même temps, pour l'Est :

Le Doubs,   171 fr. 16.   ⎫

La Loue,   105 fr. »   ⎬ moyenne 103 fr. 39.

La Bourne,   34 fr. »   ⎭

En 1876, le Doubs canalisé   64 fr. 47.

          —   non canalisé   477 fr. 92.

     La Loue   canalisée   157 fr. 50.

Etc., etc.

Le travail de M. Forcade de la Roquette, sur le produit de nos eaux, présenté en 1863 à la Société Nationale d'Agriculture de France, donne le chiffre de 25 millions, dont 4 millions pour les étangs.

Conclusions   Nous servant des mêmes tableaux auxquels nous ajoutions les prix de ferme fournis par l'administration des ponts et chaussées, nous portions le rendement à 34 millions de francs en 1880, ajoutant, il est vrai, que cette augmentation n'était pas due à la quantité du poisson amené sur le marché, mais bien à son haut prix, le 33 ou 34 % d'augmentation correspondant, en effet, à cette plus-value, les quantités étant restées à peu près les mêmes.

Nous n'hésitons pas à croire à la possibilité de doubler ce coefficient par la pisciculture intensive et cela tant pour les eaux privées et fermées que pour celles du domaine public.

En vingt-deux ans, le fait s'est produit en Angleterre, pourquoi ne se produirait-il pas chez nous ?

M. Gobin, professeur départemental d'agriculture du Jura, nous écrivait : « Le pisciculteur doit étudier les lois biologiques, observer les faits naturels, comme le voleur étudie le Code pénal et observe le gendarme, pour savoir jusqu'où et comment il faut les défier sans trop de danger. La pisciculture n'est pas plus l'ichthyologie que la zootechnie n'est la zoologie, et l'agriculture la botanique. »

Nous terminerons par ces réflexions la première partie de ces conférences sur la pisciculture d'eau douce.

INSTRUCTIONS PRATIQUES

Nous croyons utile de résumer ainsi, pour **MM**. les directeurs des établissements agricoles et les professeurs départementaux d'agriculture, quelques instructions pratiques de pisciculture.

Ce que l'on est convenu d'appeler la campagne piscicole, se divise en deux parties :

La première avec les Salmones, d'octobre à février, commençant ordinairement à la Saint-Charles (4 novembre).

La deuxième pour les œufs adhérents (Cyprins), de mars à août, le Brochet en mars ; Carpe, Brème, Sandre, Barbeau et Ombre en avril et mai.

Précautions préliminaires — Se procurer les reproducteurs trois ou quatre semaines avant les époques ci-dessus, si l'on procède artificiellement; visiter, pour les préparer, les cantonnements de reproduction, si l'on s'en tient aux moyens naturels, sont donc le premier des devoirs, selon les lieux et les espèces que l'on veut multiplier.

Si l'on opère artificiellement, la chambre d'incubation sera mise en ordre, conduits d'eau vérifiés, rigoles et claies nettoyées, vases et outils complétés, les *boutiques* (réservoirs en planches) repassées intérieurement à un feu flambant, les réservoirs autres abrités, étanchés et *amorcés* au moyen de pieux *pointés* pour y empêcher la manœuvre des filets étrangers.

Faucardement de certaines places, préparation de

gravières, tamponnement des trous des rives, liberté de circulation des poissons assurée, seront les principales précautions de la pisciculture naturelle.

Température
Là où la température de l'eau ne dépassera pas 16 à 17°, l'éducation et l'élevage des Salmones ; à 19-22° jusqu'à 28° point extrême, celle des Cyprins sur fond vaseux ou tourbeux, cailloux et sables étant préférés des premiers, ainsi que des Goujons, Barbeaux et Meuniers. (1)

Fond, composition et température des eaux sont les trois premiers facteurs de tout assolement piscicole.

La maturité de l'œuvée est le point à surveiller spécialement durant les pontes des espèces aux époques indiquées.

Maturité
Cette maturité se reconnaît au toucher et à la rougeur des parties anales ; tant que l'œuf n'est pas libre et dégagé (ce que l'on sent avec le doigt) des tissus de l'ovaire il n'est pas mûr, son expulsion forcée n'amènerait alors que l'insuccès.

L'œuf mûr n'est pas toujours sain, le trouble et le louche des liquides contenu dans les membranes est le signe certain de son infécondité auquel se joint, aussitôt l'immersion, une opacité blanchâtre des enduits visqueux, opacité totale ou partielle à laquelle on ne saurait se tromper.

Chez les mâles, les signes extérieurs sont les mêmes ; à la partie anale, le bourrelet est moins gros mais plus rouge. Une bonne laitance doit avoir l'aspect crémeux, coulant sous la plus légère pression des doigts ; tout sperme jaune, épais ou rougeâtre ne doit être employé *qu'in extremis*.

Opération
Il s'entend de soi que le mode d'opérer doit varier avec la

---

(1) Ici, comme en tout ce qui va suivre, il s'agit toujours de degrés centigrades, sauf indications contraires.

nature de l'œuf que l'on veut féconder, l'œuf libre devant être tout autrement traité que l'œuf adhérent.

Ce dernier devra tomber sur des brindilles en paquets que l'on aura eu d'abord la précaution de placer dans des baquets sur lesquels on opère la fécondation.

Cette opération doit se faire simultanément, autant que possible, vu la faible durée de la vitalité des germes.

L'eau pour les Salmones aura de $+ 5°$ à $+ 9°$ c. et pour les Cyprins de $+ 14°$ à $+ 18°$ c. Deux personnes sont nécessaires d'abord si la taille des poissons est assez forte, et secondement pour préparer, trier, remettre et nettoyer ; les reproducteurs devant auparavant être toujours séparés.

Toute opération forcée est une opération manquée.

Une fois l'état spasmodique terminé, le cas de la trop grande maturité de l'œuvée excepté (la femelle surtout laissant rarement échapper ses œufs lors de la première tentative de délivrance), on devra procéder par légère pression.

L'œuvée ne sera nettoyée qu'après que la laitance y aura été versée et mêlée avec la plus grande précaution et cela après le repos le plus complet de une à trois minutes. Alors seulement le lavage à grande eau sera fait avec à-propos, et les œufs clairs ou opaques retirés, le tout laissé dans le plus absolu repos, ou placé de suite sur les claies d'incubation.

Transport de l'œuf — Si l'œuf devait être transporté, il sera mis à sec sur de la mousse humectée, par couche mince, dans des boîtes fermées, doubles ou simples selon les distances et la température ; le transport dans l'eau ne devant être fait que pour de petites distances et encore avec les plus grandes précautions.

Les femelles de 10 à 12 livres devront être délivrées sur

deux ou trois récipients ; une bonne fécondation ne devant pas comporter plus de 3 à 4,000 œufs à la fois.

On pourra, en revanche, mettre trois ou quatre œuvées de petites truitelles dans le même récipient ménageant ainsi la laitance des mâles toujours rare sur la fin de la saison.

La fécondation artificielle ne devra être faite qu'exceptionnellement pour les Cyprins, car malgré leur rusticité, leur réussite est, à cette époque de leur vie, la plus délicate de beaucoup.

A moins de cas spéciaux, expériences ou assolements, nous donnerions la préférence à la fécondation naturelle par les frayères artificielles où une fois les emplacements et les orientements bien choisis, bien préparés, mâles et femelles ne tarderont pas à se rendre. Pour cela les frayères artificielles devront être placées trois semaines ou un mois avant les pontes, en plein soleil, regardant le Sud, préalablement lestées et obliquement placées, l'immersion devant être faite de dix à douze centimètres au-dessous de la surface de l'eau, abandonnées alors à elles-mêmes, mais sous la plus active surveillance de jour et de nuit.

Appareil L'œuf des Salmones une fois fécondé doit être placé sur un appareil pour y passer les 65 ou 75 jours de son incubation et cela dans la plus complète immobilité durant la première partie de sa vie embryonnaire.

Passée la cinquième semaine, il n'a plus à craindre que ses ennemis naturels.

La connaissance de ce fait si bien expliqué par Coste et vérifié sur la plus grande échelle, et partout, a été la cause de la création du grand établissement d'Howietun, le plus considérable de l'Europe, 8 et 10 millions d'œufs de Salmones y étant annuellement et en deux séries mis en incubation (ou allant y être).

L'appareil Coste avec claies en verre ou celui dit du Canada à lavage de l'œuf par le dessous, auront notre préférence, ce dernier surtout si la masse d'eau dont on dispose le permet, son fonctionnement normal en exigeant de quatre à cinq fois plus que celui de Coste.

Question purement locale et d'appréciation.

Immobilité, propreté toujours, obscurité 9/10 des fois, telles sont les trois grandes nécessités de l'incubation.

Incubation au ruisseau Pour les cours d'eau et ruisseaux on devra se servir d'un autre appareil, dont, le premier, Jacoby, a donné l'idée ; il consiste en une caisse longue à claire-voie, grillée et fermée ; l'envasement surtout devra être soigneusement évité ; mêmes soins et précautions que les précédents, avec la solidité pour la complète sécurité en plus.

On y peut placer de 5 à 10,000 œufs par mètre carré de superficie ; inutile d'ajouter que la surveillance devra y être plus grande que dans les premiers, les causes d'insuccès par les ennemis naturels, les crûes d'eau, etc., s'ajoutant là aux faits physiologiques de la marche normale d'une incubation artificielle au laboratoire.

L'œuf une fois placé dans ces conditions n'y devra être soumis (en aucun cas) à un déplacement ; d'où la parfaite fixité et solidité de l'appareil sur le fond même du lieu où il sera momentanément placé. L'appareil peut être simple, avec gravier formant fond, ou à triple et quadruple étages et compartiments à fond de baguettes en verre de l'appareil Coste. Le tout superposé et fixé sur des tasseaux, le nettoyage s'en faisant par un des côtés laissé mobile à cet effet.

L'appareil simple devra être préféré pour les ruisseaux. Le développement de l'œuf fécondé sur une frayère naturelle au ruisseau même sur fond de gravier convenablement choisi, préparé et garanti, aurait notre préférence, mais c'est un choix des plus délicats qui exige la connaissance la plus approfondie des lieux et du ruisseau, faunule, florule, fond et composition chimique.

En Ecosse, on prône maintenant un système mixte d'incubation artificielle pour la première partie de l'existence de l'embryon, et naturelle pour la seconde au ruisseau ; cette pratique due à l'initiative de M. Maitland Gibson, le jeune et opulent créateur d'Howietun, y obtient les plus grands succès.

Nous ne mentionnerons que pour mémoire la question de température de l'eau, condition première de tout succès.

Le thermomètre devant être, avec la loupe, les instruments indispensables du pisciculteur, nous rappelons, en y insistant, les chiffres que nous avons précédemment donnés.

Soins   Tout œuf blanchi et mort sera immédiatement enlevé, car il devient aussitôt le centre de productions microscopiques tant animales que végétales, dont le voisinage est des plus dangereux pour les œufs bien portants.

Sur les frayères naturelles, leurs œufs adhérents seront d'abord garantis contre les propres auteurs, les oiseaux d'eau, les rats, au moyen de claies en osier ou toiles métalliques dans lesquelles on les enfermera sans qu'ils touchent aux parois, pour les quelques jours ou semaines que peut durer leur incubation.

Fécondation Réussite   On sait que la température peut faire osciller ce temps du simple au double ; seule parmi les Cyprins, la Tanche

Signes

supporte la température extrême de + 28°. La réussite de la fécondation ne saurait se reconnaître au léger trouble qui se produit dans les liquides de l'œuf ou l'accumulation à la partie supérieure de gouttes huileuses, au milieu desquelles on distingue à la loupe un point légèrement blanchâtre.

Le temps nécessaire à ce phénomène varie de deux à dix heures, pour les Salmones surtout.

Dans l'œuf fécondé cette tache s'étend, envahit le globe intérieur tout entier, se lamellant jusqu'à former un point, plus opaque que le reste, d'où sortira l'embryon.

C'est durant cette période, la plus délicate de l'incubation artificielle, que l'œuf ne devra pas être remué, d'où cette conclusion forcée, si magistralement traitée au point de vue scientifique par Coste, que tout appareil flottant non solidement fixé, doit être immédiatement condamné, pour l'Alose excepté.

L'explication du plus grand des inconvénients de la navigation à vapeur pour le repeuplement de nos eaux navigables en est également la conséquence.

Cette période, en relation également directe avec la température, varie de vingt à quarante jours ; les yeux, les premiers formés par deux petits points noirs, sont l'indice certain que les moments critiques sont passés et que l'œuf peut alors jusqu'à son éclosion être remué et transporté.

Ce doit être le moment choisi pour son expédition s'il doit être déplacé.

Œufs incubés
Transport

Ce transport, qui ne doit être fait que l'œuf étant *marqué* comme nous l'avons expliqué, peut se faire en caisse simple ou double, sur mousse humectée, linge mouillé et par couches minces, le vide entre les boîtes devant être rempli par de la sciure de bois, mousse sèche, son, foin bien tassé, si la température est au-dessous de zéro ou menace de l'être durant le voyage qui peut alors durer de dix à douze jours.

Le déballage ne sera fait qu'après avoir humecté et arrosé peu à peu jusqu'à immersion complète et cela avec d'autant plus de précautions que la température sera plus basse, puis remis à l'eau pour y achever l'incubation dans les milieux où les poissons doivent éclore et vivre entre $+ 7°$ et $10°$ centig., les œufs arrivés à ce point peuvent être alors considérés comme sauvés.

Ennemis   L'incubation varie avec les espèces et la température, pour les Cyprins, de une à deux semaines, et les Salmones de soixante à cent jours. C'est durant ces critiques moments qu'ils devront être garés du Dytique à l'état de larve surtout, du Gamarus, de l'Ascaride Minor, dont l'origine est souvent le reproducteur lui-même.

Ce dernier est malheureusement fort difficile à combattre, car sa petitesse est extrême. C'est lui le terrible videur d'œufs et le mal ne se voit là que quand il n'est plus temps d'y porter remède. D'après M. Dareste, cet Helminthe serait dû à l'incarcération de germes dans l'œuf déjà dans l'oviducte.

Le lavage à grande eau, à la fécondation, est le seul moyen connu à ce jour contre ce danger qui, sans cause visible ou soupçonnée, enlève 35 à 40 % d'une fécondation qu'on a cru et pu superficiellement croire parfaitement réussie.

Alevinage artificiel   Après l'éclosion, l'alevinage dont on ne s'occupe que pour les Salmones ; la vivacité, la petitesse des alevins ou feuilles des autres espèces, rendent les soins bien difficiles pour ne pas dire impossibles ou superflus.

Livrer les jeunes alevins à leur élément naturel en les garant des voraces et des oiseaux d'eau sera la première précaution. Nous les retrouverons à l'élevage où selon les assolements nous dirons ce qu'il y aura à faire.

Le Salmone éclos portant en lui sa nourriture première dans une vésicule ombilicale, demeure sur place, ne fait qu'un très petit déplacement pour chercher l'eau fraîche ou le caillou pour se blottir; dans une presque complète immobilité se passe donc cette première partie de sa vie.

Lui procurer l'un et l'autre et le garer des ennemis dont nous avons parlé est le nécessaire durant cette période, que nous appellerions la période stationnaire; ou alors les conserver dans les auges où ils sont nés durant les quatre ou cinq semaines que dure la résorption de leur vésicule et durant lesquels il n'y a d'autres soins à leur donner que la protection.

C'est en revanche le moment où, sur les frayères naturelles, les dangers sont les plus grands et où l'on admet généralement que les 3/5 disparaissent, ce qui est le plus grand argument en faveur de la pisciculture artificielle.

La vésicule disparue, la faim rend l'alevin vif, alerte; mis sans cesse en mouvement par le besoin, sa voracité le fait se jeter sur le tout, même sur les siens plus faibles, saisissant de préférence leur vésicule non encore résorbée. De là, une surveillance spéciale et incessante, car l'alevinage fini, commence l'élevage.

Elevage   Avec l'élevage nous sommes en présence de deux voies :

1° Le lancement au ruisseau ; l'assolement naturel ; l'empoissonnement d'un bassin.

2° Ou bien la continuation de l'éducation artificielle.

Dans le premier cas, rien de plus simple, le ruisseau a dû être préparé à les recevoir par :

1° Son empoissonnement en menuailles et blanchailles ;

2° La destruction des voraces, Perches, Brochets ;

3° Préparation d'abris et cailloutis.

Ces refuges seront placés à une bonne exposition, recevant le lever et le coucher du soleil, et dans une faible profondeur d'eau, 20 à 40 centimètres.

Ce système, adopté dans le Grand-Duché de Luxembourg et dans certains districts de l'Allemagne (bords du Rhin), y a donné depuis sept ou huit ans des résultats qui ont dépassé toute espérance ; pour certains cantonnements la pêche y ayant augmenté dans la proportion de 1 à 9 et même de 1 à 12.

Le transport des jeunes (1er âge) au ruisseau peut se faire au moyen de seaux ou bocaux d'une capacité de 12 à 20 litres, dans lesquels on pourra placer de 2 à 4,000 alevins ; l'eau ne devra pas être renouvelée, mais seulement aérée au moyen de la pipette, boule de caoutchouc pressée, aboutissant à un double fond troué.

Le vase bien rempli jusqu'au goulot contiendra quelques plantes aquatiques, fétuque, cresson, chara.

Ces précautions bien prises, les jeunes supportent facilement dix et quatorze heures de transport ; les alevins de six mois ou un an, mesurant de 6 à 8 centimètres, ne doivent être transportés que dans des tonneaux d'une capacité en rapport avec la quantité, 15 litres par 1,000 poissons, les mêmes précautions que ci-dessus étant observées.

Quant au second mode, l'élevage artificiel mixte, que nous désignerons par le nom de système Ecossais, nous allons en parler pour la Truite spécialement, pour laquelle nous lui vîmes donner de si curieux et instructifs résultats.

Trois ou quatre mois après sa fécondation, le jeune Salmone peut avoir deux existences bien différentes.

La première que nous appellerons stable (incubation).

La deuxième instable (résorption).

Et cela avant son élevage.

Elevage au ruisseau

Cet élevage peut être naturel, artificiel ou mixte ; naturel par son lancement au ruisseau indiqué ci-dessus. Vivant dans les milieux préalablement préparés, il n'en sera extrait que pour la vente, selon les assolements ou mieux les aménagements décidés d'après les conditions économiques et locales (habitude, écoulement, etc.). La nature pourvoyant là à tout, au pisciculteur il ne reste que surveillance et protection.

Cette opération doit se faire, si possible, en avril ou mai pour les Salmones, et, aussitôt leur éclosion, pour tous Cyprins.

Si l'on adoptait l'élevage artificiel on procédera ainsi : Aussitôt éclos les jeunes seront, par ordre de naissance, placés dans des rigoles spéciales abondamment rafraîchies par une eau aérée sous pression ; le filtrage n'en est plus indispensable comme pour l'incubation.

Quand on s'apercevra qu'ils ne se serrent plus en paquets, la tête à l'eau fraîche, perpendiculairement au courant, qu'ils commencent à se séparer, se portant de droite à gauche avec la plus extrême vivacité, cherchant à se saisir avec rapidité de tout ce qui touche l'eau, on leur donnera des jaunes d'œufs délayés ou de la viande finement hachée et tamisée, du sang, etc.

A Howietun, où ils sont en ce moment placés par centaines de milliers dans les réservoirs de l'amont de cet établissement, on les nourrit avec de la viande de cheval, du sang cuit et pulvérisé, des Clams finement divisés placés dans des cuillères trouées, mises automatiquement en mouvement par le courant même qui traverse chacun de ces réservoirs.

La proportion adoptée a été fixée par jour à 1/50 de leur poid vivant.

Eau fraîche et courante, abri et propreté sont les trois conditions indispensables à observer.

Inutile de remarquer que la nourriture à distribuer doit toujours être proportionnelle au coefficient dont nous avons parlé ci-dessus.

La vente des mâles pour les 9/10 se fait à quatre ans alors qu'ils ont un poids moyen de 8 à 900 grammes.

Les femelles ne sont, elles, livrées à la consommation qu'à huit et neuf ans, alors qu'elles ont un poid moyen d'environ 4 kilog.

Chaque âge devant être soigneusement séparé, huit bassins sont nécessaires pour un aménagement de neuf ans, dans lesquels eau et espace seront en proportion directe du poids des poissons élevés ainsi en stabulation.

Dans un bassin de 10 ares, avec 4 mètres cubes d'eau à la bonde, soit environ 35 ou 40,000 mètres cubes d'eau, 9 à 10,000 truites de 3 1/2 à 4 kilog. se portaient à merveille.

La nourriture leur était très régulièrement distribuée trois fois par jour.

Les bassins, pour les jeunes de deux à quatre ans, ont une superficie et un cube d'eau d'environ la moitié des précédents.

Tel est l'élevage mixte Ecossais, marchant conjointement avec le lancement au ruisseau ; les jeunes à un an ayant de 5 à 6 centimètres et de 8 à 9 grammes en poids.

En Hollande et dans le Grand-Duché de Luxembourg, l'empoissonnement se fait, dès le commencement de l'alevinage, dans les eaux du domaine public.

En Auvergne on a également obtenu de cette pratique les plus heureux résultats, bien que sur ces dernières opérations, les chiffres précis nous fassent un peu défaut.

Tel serait donc l'élevage artificiel des Salmonides.

Elevage Cyprins

Quant à celui des Cyprins, Carpes et Tanches spécialement, c'est une question de pisciculture intensive sur laquelle nous ne pouvons non plus rien affirmer encore.

Les faits, sauf deux ou trois expériences aux Hubaudières entre autres, n'ayant reçu aucun contrôle.

Heureusement qu'il n'en sera plus longtemps ainsi, les expériences de M. Campion, dans les étangs de Belval, département de la Marne, devant bientôt nous fixer à cet égard.

Dans quelles conditions convient-il de faire cet élevage ?

Quel en est le prix de revient ?

Quel produit dans telles ou telles conditions ?

Que faire, là où vous avez l'aménagement de l'asec à un an et deux ans d'eau, ou ailleurs de trois ans d'eau avec deux ans d'asec ?

Toutes ces opérations ne peuvent être faites que dans des

élangs à assolements parfaitement déterminés ou dans des cantonnements du domaine public, loués à longs termes, sur lesquels, comme dans certaines contrées de l'Autriche, et comme l'a si souvent demandé M. de Jouffroy, dans ses rapports au Conseil général du Doubs, toute réglementation serait abolie, l'intérêt seul des locataires étant la meilleure garantie d'un empoissonnement et du meilleur des aménagements.

En Bresse, que coûterait cette culture partant de la base de 45 à 55 fr. de produit par hectare et par an?

Dans l'Indre-et-Loire, ce chiffre pour quelques étangs pouvant atteindre jusqu'à 200 fr.

Les expériences de M. Nanquette ayant donné 189 fr., pas de chiffres *à priori*, ne sauraient être données avant la connaissance des faits dont nous avons parlé.

En attendant, l'élevage artificiel des Cyprins consistera à donner à la Feuille, aux Carpettes et aux Peinards un supplément de nourriture que l'on déposera sur les bords des pièces empoissonnées, et cela dans les parties les moins profondes, *aux queues spécialement*, et toujours dans les mêmes endroits.

Elevage artificiel

A Belval, cet apport consiste en graines avariées ou maïs cuit et fumier de moutons. En Bohême on se sert des débris des abattoirs qu'on fixe sur des piquets après les avoir enveloppés de paille, leur suspension ne devant pas être à plus de 10 à 15 centimètres au-dessus de la surface de l'eau.

Cette fabrique artificielle de vers n'offrirait-elle pas des inconvénients graves au point de vue de l'hygiène?

Cette pratique ne saurait être adoptée qu'après de bien grandes précautions et une grande surveillance lors de la putréfaction des matières animales ainsi suspendues.

Les fumiers de moutons ou de vaches, déposés frais dans 20 à 30 centimètres d'eau, auraient notre préférence, si le produit en kilog. de poisson compense les éléments organiques qu'on enlèverait ainsi aux récoltes de la ferme.

Aurait-on plus d'avantage à faire utiliser par le poisson que par les porcheries les produits des établissements d'équarrissage ? On a dit oui, mais les faits ne nous sont connus que pour la Bohème, où des expériences ont donné dans l'éducation naturelle 40 à 45 kilog. de Carpes par hectare et par an. Quant aux faits de pisciculture intensive, par la nourriture artificielle, aucun à ce jour ne nous est connu donnant le droit à une affirmation, Howietun (Ecosse) et MM. de Feligonde et Chauvet exceptés, en France.

Malgré les clichés d'une presse piscicole se reproduisant en se recopiant depuis près de vingt-cinq ans, nous insistons sur l'absence de faits prouvés par la méthode expérimentale.

Aux chiffres fantaisistes nous n'opposerons que le fait suivant : le lac de Grand-Lieu avec ses 5,000 hectares ne rapporte que 2 fr. 50 par hectare et par an, soit 12,500 fr.

L'élevage de la Carpette d'empoissonnement de 70 à 80 grammes à deux ans, est aujourd'hui une des opérations les plus profitables de l'établissement d'Huningue ; mais il est vrai d'ajouter qu'il ne coûte rien à ses propriétaires *actuels*.

Partons donc de ce fait que d'avril à septembre la Carpe croît de 30 % de son poids dans les assolements ordinaires. Aux étangs de la Marne, où cette industrie a fait dans ces dernières années de si grands progrès, voici, d'après M. le professeur d'agriculture De Planta, quelques faits sur lesquels repose cette industrie. L'alevin se fait dans de petits étangs isolés par dix couples de 500 à 750 grammes à l'hectare. Le Peinard, d'environ trois ans, aura la préférence sur les plus gros reproducteurs. La première année il donne une Feuille qui atteint ordinairement de 4 à 5 centimètres ; puis 10 à 12 à la seconde, soit de 12 à 18 têtes par kilog., on aura le plus grand soin de mettre les alevinières à l'abri des poissons voraces et de veiller surtout à ce que les queues des étangs soient bien pourvues d'herbes aquatiques.

L'empoissonnement se fera avec des alevins de 10 à 15 centimètres entre œil et bat (tête et queue), au nombre de 150 à 300 têtes par hectare.

A trois ans dans les étangs de forêt et à deux ans dans ceux de la plaine, la Carpe arrivera de 750 grammes à 1 kilog. si surtout l'été a été chaud.

On prendra bien garde de ne pas dépasser la mesure dans cette opération, car dans un étang trop chargé, les alevins languissent et profitent peu ; telle eau nourrira mieux sa feuille sur telle surface de 1/4, même de 1/3 moins grande que telle autre.

A la pratique de déterminer ce point d'empoissonnement ; 50 Brochets de 100 à 150 grammes seront mis à la deuxième année par 1,000 têtes de Carpes dans les étangs surtout qui se pourraient *trop charger*.

La feuille de 12 ou 15 centimètres, se vend de 60 à 80 fr. le mille, mais à 20 ou 25 centimètres, jusqu'à 200 fr. ; le prix varie de 90 à 100 fr. les 104 kilogrammes ; pour le Brochet, on obtient facilement le double ; *les Peinards*, Carpes d'empoissonnement, ayant plus de 25 centimètres, se vendent ordinairement un franc la pièce.

En bonne eau, un Brochet peut atteindre jusqu'à 8 kilog.

alors qu'à sa mise, trois ans avant, il ne mesurait pas plus de 15 centimètres.

On ajoutera pour un rationel empoissonnement en bonne eau de 2 à 3 kilog. par hectare de menuailles et blanchailles achetés à raison de 50 centimes le kilog., afin que leur facile reproduction préserve les Carpes contre les Brochets.

En attendant la publication des travaux de M. Campion aux étangs de Belval, nous ne craignons pas d'avancer que les chiffres ci-dessus sont ce que nous avons de plus précis et de plus sérieux sur ces deux questions encore si incomplètes de l'empoissonnement et du coefficient de grossisse-.ment.

Anguilles et Ecrevisses seront l'objet d'instructions spéciales lors du grand flot d'avril et mai (syzygie), où *les montées* nous arrivent, et époque également du grainage des secondes dont la fécondation a eu lieu alors dans les mois d'octobre et novembre précédents.

Quant aux détails dont la place ne saurait être dans ce résumé, nous prierons de se reporter :

1° A notre *Calendrier ;*

2° Au *Journal de l'Agriculture*, de M. Barral, 1854-82 ;

3° A nos *Conférences sur la Pisciculture ;*

4° A l'*Encyclopédie de l'Agriculture*, de MM. Moll et Gayot ;

5° A la *Pisciculture*, de M. Koltz ;

Fontenay-Vendée, Septembre 1882.

DU MÊME

1º La **Pisciculture au bassin d'Arcachon en 1853.** — Lithographie Goyer, passage Dauphine, 7, Paris, Septembre 1853.

2º **Réflexion sur la pisciculture**, brochure in-8º, de 64 pages. — Versailles, imprimerie Beau jeune, Mai 1854.

3º **Huningue à Berlin**, in-8º, de 78 pages. — Thun (Suisse), imprimerie Christen, Janvier 1880.

4º Les **Etangs**, in-32, de 72 pages. — Thun (Suisse), imprimerie Stampfli, 1880. Se vend chez G. Masson, Paris, 50 centimes.

5º Le **Calendrier du pisciculteur**, in-12, de 194 pages. — Fontenay-le-Comte (Vendée), imprimerie Auguste Baud, 1881. Se vend 1 franc 50.

6º **Conférences piscicoles**, in-8º, de 85 pages. — *Les eaux douces*. — Fontenay-le-Comte (Vendée), imprimerie Auguste Baud, 1882. Se vend 1 franc.

7º **Instructions pratiques**, in-8º, de 18 pages. — Fontenay-le-Comte (Vendée), imprimerie Auguste Baud, 1882. Se vend 50 centimes.